城市测绘工程实务

张启来　牛守明　杜洪涛　赵向阳　主编

中国建材工业出版社

图书在版编目（CIP）数据

城市测绘工程实务/张启来等主编. --北京：中国建材工业出版社，2020.10
ISBN 978-7-5160-3034-9

Ⅰ.①城… Ⅱ.①张… Ⅲ.①工程测量 Ⅳ.①TB22

中国版本图书馆CIP数据核字(2020)第165267号

内 容 简 介

本书根据城市建设的实际情况，结合测绘工程应用于城市建设的成功案例，重点选取了1：500地形图测绘、土地勘测定界测绘、不动产测绘、建设工程竣工规划测量、城市规划道路定线测量、地下管线探测、人民防空工程调查测绘、土石方工程测量共八个方面，具体阐述了各测绘工程的作业方法。

本书可作为中等专业学校测绘工程专业及相关专业的学习资料，并可供从事测绘工作的技术人员学习参考。

城市测绘工程实务
张启来　牛守明　杜洪涛　赵向阳　主编

出版发行：中国建材工业出版社
地　　址：北京市海淀区三里河路1号
邮　　编：100044
经　　销：全国各地新华书店
印　　刷：北京雁林吉兆印刷有限公司
开　　本：710mm×1000mm　1/16
印　　张：8.25
字　　数：190千字
版　　次：2020年10月第1版
印　　次：2020年10月第1次
定　　价：48.00元

本社网址：www. jccbs. com，微信公众号：zgjcgycbs

前　　言

随着我国社会经济的快速发展，城市化进程的深入推进，如何在城市建设过程中科学应用测绘手段，充分发挥测绘技术的作用，是当前城市建设者应关注的问题。城市测绘工程覆盖国土规划、市政工程、建筑工程等环节，能否有效确保各项工程的顺利进行也就直接突出了城市测绘工程的重要性。

本书根据城市建设的实际情况，结合测绘工程应用于城市建设的成功案例，重点选取了1∶500地形图测绘、土地勘测定界测绘、不动产测绘、建设工程竣工规划测量、城市规划道路定线测量、地下管线探测、人民防空工程调查测绘、土石方工程测量共八个方面，具体阐述了各测绘工程的作业方法。

本书由济南市勘察测绘研究院组织编写，全书由张启来、牛守明、杜洪涛、赵向阳负责主编及统稿工作，参加编写的人员包括马继居、王奇、王磊、公明、田永明、朱君、朱翔、刘旭光、李浩、杨学峰、张国伟、张涛、陈法超、周扬、赵云、赵若鹏、袁凯、徐彦中、焦明东、魏金明。

本书可作为中等专业学校测绘工程专业及相关专业的学习资料，并可供从事测绘工作的技术人员学习参考。

由于编者水平有限，本书错漏之处在所难免，恳请读者批评指正。

编者

2020年6月于济南

编 委 会

目　　录

第 1 章　1∶500 地形图测绘

本章主要介绍了采用全野外数字化采集方式成图的 1∶500 比例尺地形图的工作要点、内容、流程和成果要求等。

1.1　概　　述

1.1.1　地形图的基本知识

1. 地形图

将地面上各种地物和地貌沿垂直方向投影到水平面上，并按一定的比例尺，用地形图图式统一规定的符号和注记，将其缩绘在图纸上，这种表示地物的平面位置和地貌起伏情况的图，称为地形图。

2. 地物及地貌

地面上有明显轮廓的，天然形成或人工建造的各种物体称为地物。

地球表面的高低起伏状态称为地貌。

3. 地形图比例尺及比例尺精度

地形图上任一线段的长度与它所代表的实地水平距离之比，称为地形图比例尺。

地形图上 0.1mm 的长度所代表的实地水平距离，称为比例尺精度。

4. 等高线

等高线指的是地面上高程相等的相邻各点所连成的闭合曲线。把地面上海拔高度相同的点连成的闭合曲线，并垂直投影到一个水平面上，并按比例缩绘在图纸上，就得到了等高线。等高线也可以看作是不同海拔高度的水平面与实际地面的交线，所以等高线是闭合曲线。

等高线的分类：

（1）首曲线，又叫基本等高线，是按基本等高距测绘的等高线，是表示地貌状态的主要等高线。

（2）计曲线，又叫加粗等高线。为了便于判读等高线的高程，自高程起算面开始，每隔 4 条首曲线加粗描绘的等高线。其字头朝向上坡方向。计曲线是辨认等高线高程的依据。

（3）间曲线，又叫半距等高线，是当首曲线不能显示某些局部地貌时，按二分之一等高距描绘的等高线。其一般用细长虚线，在局部地区使用，可不闭合，但应对称。

（4）助曲线，又叫辅助等高线，是按四分之一等高距描绘的细短虚线，用于显示间曲线不能显示的某段微型地貌。

等高线的特征：

（1）位于同一等高线上的地面点，海拔高度相同。但是，海拔高度相同的点不一定位于同一条等高线上。

（2）在同一幅图内，除了陡崖以外，不同高程的等高线不能相交。

（3）在图廓内相邻等高线的高差一般是相同的，因此地面坡度与等高线之间的等高线平距成反比，等高线平距越小，等高线排列越密，说明地面坡度越大；等高线平距越大，等高线排列越稀，则说明地面坡度越小。

（4）等高线是一条闭合的曲线，如果不能在同一幅内闭合，则必在相邻或者其他图幅内闭合。

（5）等高线经过山脊或山谷时改变方向，因此，山脊线或者山谷线应垂直于等高线转折点处的切线，即等高线与山脊线或者山谷线正交。

5. 等高距

地形图上相邻等高线之间的高差称为等高距，也叫做等高线间隔，用 h 表示。在同一幅地形图上，等高线的等高距相同。等高线的间隔越小，越能详细地表示地面的变化情况；等高线间隔越大，图上表示地面的情况越简略。但是，当等高线间隔过小时，地形图上的等高线过于密集，将会影响图面的清晰度，而且测绘工作量会增大，花费时间也变长。在测绘地形图时，应按照实际情况，根据测图比例尺的大小和测区的地势陡缓来选择合适的等高距。

6. 地形图分幅和图廓整饰

地形图分幅和编号按《国家基本比例尺地形图分幅和编号》（GB/T 13989—2012）规定执行。

图廓整饰参见《国家基本比例尺地图图式　第 1 部分：1∶500　1∶1000　1∶2000地形图图式》（GB/T 20257.1—2017）的附录 C。

矩形分幅图廓整饰可参考以下原则：

（1）图名可采用地名或企事业单位名称。图名选择有困难时，可不注图名，仅注图号。图名为两个字的其字隔为两个字，三个字的字隔为一个字，四个以上的字隔一般为 2～3mm。

（2）邻接图表可采用图名或图号，只取一种注出。

（3）图内每个 10cm 展绘一个坐标网线交叉点；内图廓线上的坐标网线，向图内侧绘 5mm 短线。

（4）农村居民地、企事业单位跨越两图幅时，若本图面积较邻幅为小，将名称注在图廓间，图内不注。面积与邻幅相等时，则将名称注在方便的图幅内，邻幅则注在图廓间，使两幅拼接时，避免注记重复。

（5）中断在内图廓线上的等高线，其高程不易判读时，应在图廓间适当注出其高程。

（6）境界通过内图廓时，在图廓间应注出区域名称。

7. 地形图的颜色

地形图根据用图需要可采用多色或单色，多色图采用青、品红、黄、黑四色，按规定色值进行分色。

1.1.2　地形图的符号

1. 符号的分类

（1）依比例尺符号：地物依比例尺缩小后，其长度和宽度能依比例尺表示的地物符号。

（2）半依比例尺符号：地物依比例尺缩小后，其长度能依比例尺而宽度不能依比例尺表示的地物符号。在本部分中，符号旁只标注宽度尺寸值。图 1-1 为围墙的符号。

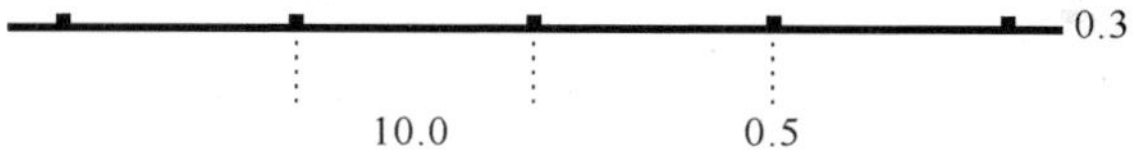

图 1-1　半依比例尺符号

（3）不依比例尺符号：地物依比例尺缩小后，其长度和宽度不能依比例尺表示。在本部分中，符号旁标注符号长、宽尺寸值。图 1-2 为蒙古包的符号。

图 1-2　不依比例尺符号

2. 符号的定位

地形图中符号的定位应遵循以下原则：

（1）符号图形中有一个点的，该点为地物的实地中心位置。

（2）圆形、正方形、长方形等符号，定位点在其几何图形中心。

（3）宽底符号（蒙古包、烟囱、水塔等）定位点在其底线中心。

（4）底部为直角的符号（风车、路标、加油站等）定位点在其直角的顶点。

（5）几种图形组成的符号（敖包、教堂、气象站等）定位点在其下方图形的中心点或交叉点。

（6）下方没有底线的符号（窑、亭、山洞等）定位点在其下方两端点连线的中心点。

（7）不依比例尺表示的其他符号（桥梁、水闸、拦水坝、岩溶漏斗等）定位点在其符号的中心点。

（8）线状符号（道路、河流等）定位线在其符号的中轴线；依比例尺表示时，在两侧线的中轴线。

（9）符号除简要说明中规定按真实方向表示者外，均垂直于南图廓线。

3. 符号的配置

土质和植被符号，根据其排列的形式可分成三种情况：

（1）整列式：按一定行列配置，如苗圃、草地、经济林等。图 1-3 所示为旱地符号。

整列式排列一般按图式表示的间隔配置符号，面积较大时，符号间隔可放大 1～3 倍。在能表示清楚的前提下，可采用注记的方法表示。还可将图中最多的一种不表示符号，在图外加附注说明，但一幅图或一批图应统一。

（2）散列式：不按一定行列配置，如小草丘地、灌木林、石块地等。图 1-4 所示为石块地符号。

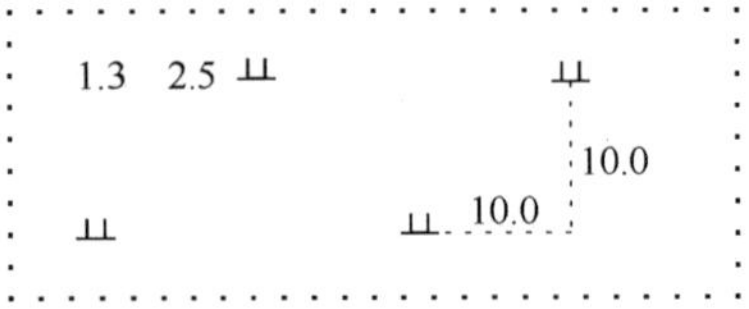

图 1-3　整列式符号

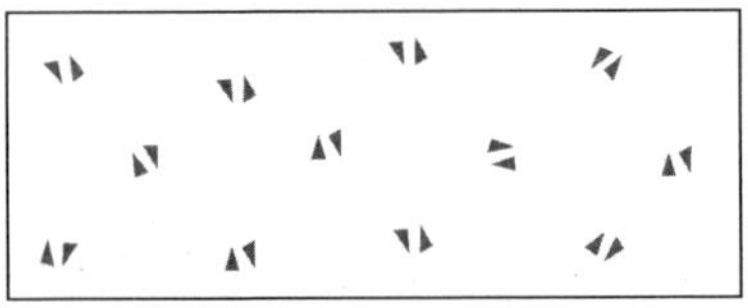
图 1-4　散列式符号

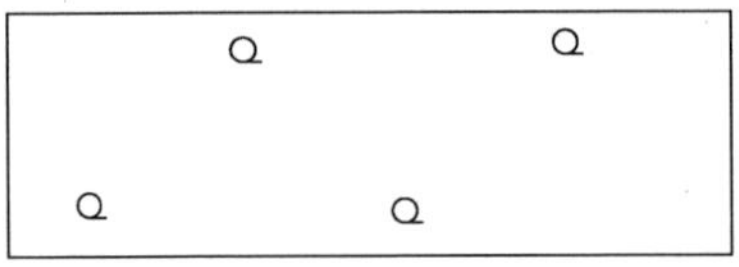
图 1-5　相应式符号

（3）相应式：按实地的疏密或位置表示符号，如疏林、零星树木等。表示符号时应注意显示其分布特征。图 1-5 所示为疏林符号。

注意：配置是指所使用的符号为说明性符号，不具有定位意义。在地物分布范围内，散列或整列式布列符号用于表示面状地物的类别。

以虚实线表示的符号（机耕路、乡村路）按光影法则描绘，其虚线绘在光辉部，实线绘在暗影部。一般在居民地、桥梁、渡口、徒涉场、涵洞、隧道或道路相交处变换虚实线方向，如图 1-6 所示。

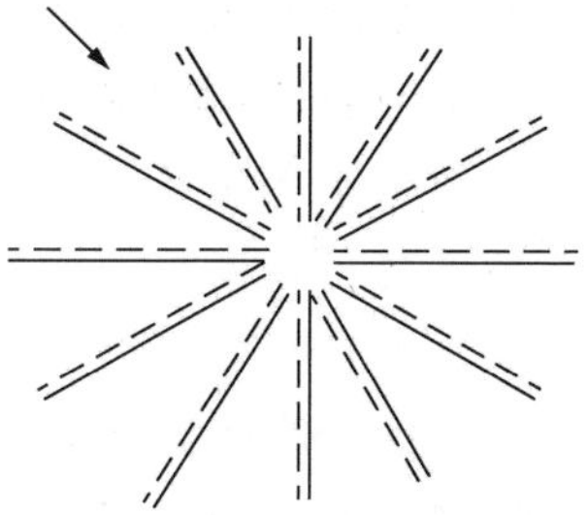

图 1-6　虚实线符号的光影法则

4. 符号使用方法及要求

一般用实线表示建筑物、构筑物的外轮廓与地面的交线（除桥梁、坝、水闸、架空管线外），虚线表示地下部分或架空部分在地面上的投影，点线表示地类范围线、地物分界线。

依比例尺表示的地物分以下表现形式：

（1）地物轮廓依比例尺表示，在其轮廓内加面色，如河流、湖泊等，或在其轮廓内适中位置配置不依比例尺符号和说明注记（或说明注记简注）作为说明，如水井、收费站等。

（2）面状分布的同一性质地物，在其范围内按整列式、散列式或相应式配置说明性符号和注记，界线明显的，用地类界线表示其范围（如经济林地）；界线不明显的，不表示界线（如疏林地、盐碱地等）。

（3）相同地物毗连成群分布，其范围用地类界线表示，在其范围内适中位置配置不依比例尺符号，如露天设备等。

（4）实际面积较大的地物要素，如发电厂、水厂、污水处理厂、大学、医院、游乐场、公园、动物园、植物园、高尔夫球场、飞机场等，图式中不规定符号，用围墙、房屋、内部道路、绿地等相应的符号表示地物，在其范围内加注专有名称注记。

两地物相重叠或立体交叉时，按投影原则下层被上层遮盖的部分断开，上层保持完整，如图 1-7 所示。

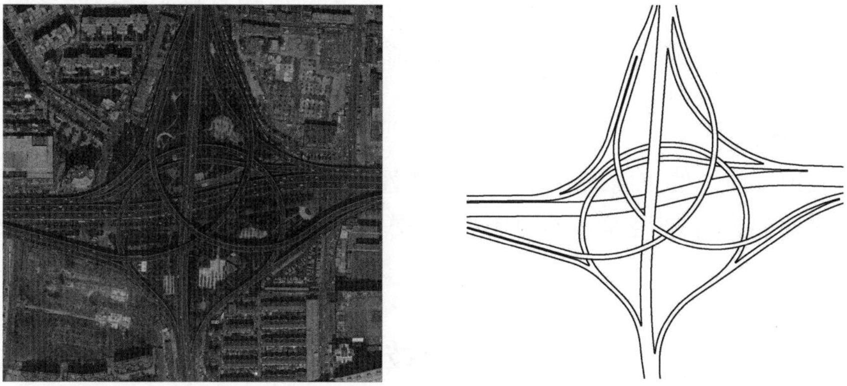

图 1-7　立交桥示例

为了使地形图清晰易读，除允许符号交叉和结合表示者外，各符号之间的间隔（包括轮廓线与所配置的不依比例尺符号之间的间隔）一般不应小于 0.3mm。

如果某些地区地物的密度过大，图上不能容纳时，允许将符号的尺寸略为缩小（缩小率不超过0.8）或移动次要地物符号。双线表示的线状地物其符号相距很近时，可采用共线表示。点状地物与房屋、道路、水系等其他地物重合时，可中断其他地物符号，间隔0.3mm，以保持独立地物的完整性。

实地上有些建筑物、构筑物，图式中未规定符号，又不便归类表示者，可表示该物体的轮廓图形或范围，并加注说明。地物轮廓图形线用0.15mm实线表示，地物分布范围线、地类界线用地类界符号表示。

符号旁的宽度、深度、比高等数字注记，一般标注至0.1m。

1.1.3 地形图的识读

1. 地形图图外注记识读

（1）根据地形图图廓外的注记，可全面了解地形的基本情况。

（2）由地形图的比例尺可以知道地形图反映地物、地貌的详细程度。

（3）根据测图日期的注记可以知道地形图的新旧，从而判断地物、地貌的变化程度。

（4）通过地形图并结合图表可以了解与相邻图幅的关系。

（5）了解地形图所使用的地形图图式版别，对地物、地貌的识读非常重要。

（6）从图廓坐标可以掌握图幅的范围。

（7）了解地形图的坐标系统、高程系统、等高距、测图方法等，对正确用图有很重要的作用。

2. 地物识读

地物识读前，要熟悉一些常用地物符号，了解地物符号和注记的确切含义。根据地物符号，了解图内主要地物的分布情况，如村庄名称、公路走向、河流分布、地面植被、农田等。

3. 地貌识读

地貌识读前，要正确理解等高线的特性，根据等高线，了解图内的地貌情况。首先要知道等高距是多少，然后根据等高线的疏密判断地面坡度及地势走向。

1.2 主要技术指标

1. 测量基准

（1）平面基准采用CGCS 2000国家大地坐标系，投影方式采用高斯-克吕格投影，投影分带按3°分带，中央子午线根据实地确定。

（2）高程基准采用 1985 国家高程基准。

2. 成图方法和比例尺

采用全野外数字测图数据采集方式进行，也可以利用精度满足要求的实景三维模型采集，成图比例尺为 1∶500。

3. 地形图的基本等高距

平地、丘陵地基本等高距一般选择 0.5m，山地及高山地基本等高距一般选择 1.0m。

4. 地形图上高程注记点的密度

高程注记点密度为图上每 $100cm^2$ 内 5～20 个，一般选择明显地物点或地形特征点。

5. 地物点的平面位置中误差

地物点相对于邻近平面控制点的点位中误差和地物点相对于邻近地物点的间距中误差不应超过表 1-1 的规定。设站施测困难的旧街坊内部、森林、隐蔽等特殊困难地区，可按表 1-1 的规定值放宽 0.5 倍。

表 1-1　地物点相对于邻近平面控制点的点位中误差和地物点相对于邻近地物点的间距中误差（m）

地形类别	地物点相对于邻近平面控制点的点位中误差	地物点相对于邻近地物点的间距中误差
平地、丘陵地	≤0.25	≤0.20
山地、高山地	≤0.375	≤0.30

6. 地形图的高程精度

城市建筑区和平坦地区高程注记点相对于邻近图根点的高程中误差不得大于 ±0.15m。

其他地区高程精度应以等高线插求点的高程中误差来衡量，等高线插求点相对于邻近图根点的高程中误差，平地不应大于基本等高距的 1/3，丘陵地不应大于基本等高距的 1/2，山地不应大于基本等高距的 2/3。

7. 允许误差

以中误差作为衡量测绘精度的标准，二倍中误差作为极限误差。

8. 数据基本内容及质量要求

（1）数据基本内容包括水系、居民地及设施、交通、管线、地貌、植被与土质等各项地物、地貌要素，以及各种注记等。

（2）测绘成果的质量元素及其应达到的基本要求应符合表 1-2 的规定。

表 1-2　图形数据质量要求

质量元素	质量要求
空间参考系	1. 地形图所采用的平面、高程基准应符合要求 2. 采用的地图投影及参数应符合要求
位置精度	1. 地形图平面坐标中误差符合要求 2. 高程值或高程属性中误差符合要求
属性精度	1. 属性项完整性、顺序正确性、数据类型及小数位正确性 2. 要素分类正确 3. 要素属性正确
完整性	1. 各种地物要素完整，无遗漏或多余、重复现象 2. 地物要素分层正确，无遗漏层或多余层、重复层现象 3. 数据层内部各层应包括的文件完整，无遗漏或多余文件 4. 各种名称及注记正确、完整，无遗漏或多余、重复现象
逻辑一致性	1. 描述地形要素类型（点、线、面等）定义符合要求 2. 数据层、数据集定义符合要求，要素类在正确的层或数据集中 3. 数据文件存储组织符合要求 4. 数据文件格式符合要求 5. 数据文件完整，无缺失 6. 数据文件命名符合要求 7. 要素间拓扑关系定义正确 8. 线段相交或相接，无悬挂或过头现象 9. 连续地物保持连续，无错误的伪节点现象 10. 闭合要素保持封闭，辅助线正确 11. 应断开的要素处理符合要求
表征质量	1. 要素几何类型表达正确 2. 线划光滑、自然，节点密度适中，形状保真度强，无折刺、回头线、粘连、自相交、抖动、变形扭曲等现象 3. 有方向性的地物符号方向正确 4. 要素综合取舍与图形概括合理，并能正确反映各要素的分布地理特点和密度特征 5. 地图符号使用正确，其颜色、尺寸、定位等符合要求 6. 地图符号配置合理，保持规定的间隔，清晰、易读 7. 注记选取与配置密度符合要求 8. 注记字体、字大、字向、字色符合要求，配置合理，清晰、易读，指向明确无歧义 9. 街区内外整饰符合要求，无错漏、重复现象
附件质量	各类附属文件完整，无缺失，能够正确反映测绘成果的质量情况及测制过程
元数据质量	元数据完整、准确

1.3　图根控制测量

1.3.1　一般规定

图根控制测量应在各等级控制点下进行，各等级平面控制测量的最弱点相对于起算点点位中误差不应大于 5cm。各等级高程控制测量的最弱点相对于起算点的高程中误差不应大于 2cm。在各等级控制点下加密图根点时宜采用符合导线，符合导线不宜超过两次符合。在难以布设符合导线的地区，可布设成支导线。当测区范围较小时，图根导线可作为首级控制。

图根平面控制测量宜优先采用网络 RTK 测量、导线测量两种方法，还可采用极坐标法等方法。图根高程测量可采用网络 RTK 测量、水准测量、三角高程测量等方法。采用网络 RTK 测量方法时，图根点的平面和高程测量宜同时进行。图根点可采用临时标志，临时标志应在地面上设置明显并且固定的标志。

图根点相对于图根起算点的点位中误差不应大于±5cm，高程中误差不应大于测图基本等高距的 1/10。图根点密度应以满足测图需要为原则，一般平坦开阔地区不应低于 64 点/km^2，城镇、村庄、丘陵地、山地等地区应适当加密，但测区可采用网络 RTK 方法测图时可适当放宽。

1.3.2　采用网络 RTK 技术测量图根控制点

为了保证 RTK 测量成果的可靠性，提高作业效率，避免返工，特作以下规定：

1. 坐标系统转换及高程异常改正要求

坐标系统转换应符合下列规定：

（1）所用高等级已知点的地心坐标框架和参考历元应与计算转换参数时所用地心坐标一致；

（2）已有转换参数时，可直接输入；

（3）已有三个以上同时具有地心和参心坐标系的控制点成果时，可直接将坐标输入数据采集器，计算转换参数；

（4）已有三个以上参心坐标系的控制点成果时，可采用直接输入参心坐标，并应在控制点上采集地心坐标，计算转换参数；

（5）计算转换参数的控制点应均匀分布在测区内及周边，当需实测时，应进行检验；

（6）平面坐标转换的残差绝对值不应超过 20mm。

对于高程控制，图根点高程是流动站所测得的该点大地高减去该点高程异常获取。流动站高程异常可采用数学拟合或区域似大地水准面精化模型内插的方法获取，也可在测区现场用点校正的方法获取。

2. 网络 RTK 测量技术要求

控制测量采用图根级进行测量，平面控制具体技术要求应满足表 1-3 的要求。

表 1-3 GNSS RTK 平面测量技术要求

等级	相邻点间距离（m）	点位中误差（mm）	边长相对中误差	基准站等级	流动站到单基准站间距离	测回数
二级	≥300	≤50	≤1/10000	四等及以上	≤6	≥3
三级	≥200	≤50	≤1/6000	四等及以上	≤6	≥3
				二级及以上	≤3	
图根	≥100	≤50	≤1/4000	四等及以上	≤6	≥2
				三级及以上	≤3	
碎部	—	≤图上 0.5mm	—	四等及以上	≤15	≥1
				三级及以上	≤10	

注：网络 RTK 测量可不受基准站等级、流动站到单基准站间距离的限制；困难地区相邻点间距离缩短至表中的 2/3，边长较差不应大于 2cm。

高程测量应符合表 1-4 的要求。

表 1-4 GNSS 高程测量主要技术要求

地形 等级	平地、丘陵			山地		
	模型内符合中误差	检测高程中误差	检测高差	模型内符合中误差	检测高程中误差	检测高差
图根	≤30	≤50	≤100	≤45	≤75	≤150
碎部	≤100	≤150	≤300	≤150	≤225	≤450

3. RTK 观测前的准备工作

（1）检查接收机的设置参数的正确性；

（2）检查天线高度设置；

（3）应检测测区内或附近一个已知点，检测已知点的平面位置（水平分量与垂直分量的平方和求根号得）差值应≤±5cm，高程差值应≤±5cm。

4. RTK 观测具体要求

（1）开始前应对仪器进行初始化；

（2）观测时，卫星高度角 15°以上的卫星应不少于 5 颗，PDOP 值应小于 6；

（3）观测应在得到 RTK 固定解，并收敛至毫米级、水平精度（HRMS）小于 2cm、垂直精度（VRMS）小于 3cm 且稳定后开始记录，记录的数据应是固定解结果；

（4）经、纬度记录到 0.00001s，平面坐标和高程记录到 0.001m；

（5）应观测两个测回，测回间应重新进行初始化，观测记录的时间间隔不应小于 1min；每测回的观测时间不应少于 10s，测回间的平面坐标分量较差应小于 2cm（或小于 0.0007s），垂直坐标分量较差应小于 3cm，最终观测成果应取各测回结果的平均值；

（6）当初始化时间超过 5min 仍不能获得固定解时，宜断开通信链接，重启 GNSS 接收机，再次进行初始化操作，重试次数超过 3 次仍不能获得初始化时，应选择其他位置进行测量。

5. 其他要求

RTK 控制测量还应符合下列规定：

（1）同一地区宜布设 3 个以上或 2 对以上的 RTK 控制点。

（2）应采用三角支架方式架设天线进行作业；测量过程中仪器的圆气泡应严格稳定居中，对中误差应小于 3mm。

（3）天线高应量测至毫米，测前测后应各量测一次，两次较差不应大于 3mm，并取平均值作为最终成果；较差超限时应查明原因。

（4）控制点应采用常规方法进行边长、角度或导线联测检核，导线联测应按低一个等级的常规导线测量的技术要求执行。RTK 平面控制点检核测量技术要求应符合表 1-5 的规定：

表 1-5　RTK 平面控制点检核测量技术要求

等级	边长校核		角度检核		导线联测检核		坐标检核（mm）
	测距中误差（mm）	边长较差的相对误差	测角中误差（″）	角度较差限差（″）	角度闭合差（″）	边长相对闭合差	
二级	≤15	≤1/7000	≤8	≤20	$\leqslant 24\sqrt{n}$	≤1/6000	≤50
三级	≤15	≤1/4000	≤12	≤30	$\leqslant 40\sqrt{n}$	≤1/4000	≤50
图根	≤20	≤1/2500	≤20	≤60	$\leqslant 60\sqrt{n}$	≤1/2000	≤50

注：n 为测站数。

1.3.3　图根平面控制测量的其他方法

1. 图根导线测量

对于难以进行 RTK 作业的地区，可采用电磁波测距以附合线路、节点网等方式布设图根导线。具体技术要求如表 1-6 所示。

表 1-6　图根电磁波测距导线测量技术指标

附合导线长度（m）	相对闭合差	平均边长（m）	方位角闭合差（″）	测角中误差（″）
900	1/4000	80	$\leqslant \pm 40\sqrt{n}$	±20

注：n 为测站数。

图根导线的边长应采用测距仪单向施测一测回。一测回进行两次读数，其读数较差应小于 20mm。测图时附合导线的长度不应超过表 1-6 的规定值，且附合导线边数不宜超过 15 条，绝对闭合差不应大于 0.25m；导线长度短于 300m 时，其绝对闭合差不应大于 0.15m。

确实因为地形条件限制而无法附合时，才允许布设图根支导线。图根支导线的长度不应超过 450m，最大边长不应超过 160m，边数不宜多于 3 条。水平角应使用 5″以上全站仪施测左、右角各一测回，其圆周角闭合差不应大于 40″。首站应联测两个已知方向或者是检测起始点间距和高差，边长和高差应对向观测或变动棱镜高度测量两次，当往返测或两次测量的差值符合要求时，取用平均值。

2. 极坐标法测量（引点法）

采用电磁波测距极坐标法测量时，应在等级控制点或一次附合图根点上进行，且应联测两个已知方向，其主要技术要求应符合表 1-7 的规定。最大边长应控制在 300m 以内。采用电磁波测距极坐标法所测的图根点，不应再次发展。

表 1-7　图根电磁波测距导线测量技术指标

6″级测角仪器	距离测量	半测回较差（″）	测距读数较差（mm）	高程较差	两组计算坐标较差（m）
1	单向施测一测回	≤30	≤20	$\leqslant 1/5H_d$	0.1

注：H_d为基本等高距。

3. 交会法测量

图根解析补点，可采用有检核的测边交会和测角交会。其交会角应在 30°～150°之间，交会边长不宜超过 250m。分组计算所得的坐标较差，不应大于 0.1m。

1.3.4　图根高程控制测量的其他方法

1. 图根水准测量

图根水准可沿图根点布设成为附合路线、闭合路线或节点网，按中丝读数法单程观测。图根水准起讫应不低于四等精度的高程控制点上，其技术要求按照表

1-8 规定执行。

当水准路线布设成支导线时，应采用往返观测，前后视距宜相等，其路线长度不应大于 2.5km。当水准路线组成单节点时，各段路线的长度不应大于 3.7km。

表 1-8　图根水准测量技术要求

仪器类型	符合路线长度（km）	i 角（″）	视线长度（m）	观测次数		往返测较差、附合或环线闭合差（mm）	
				与已知点联测	附合或闭合线路	平地	山地
DS10	≤5	≤30	≤100	往返各一次	往一次	$\pm 40\sqrt{L}$	$\pm 12\sqrt{n}$

注：L 为水准路线长度，单位为 km；n 为测站数。

2. 三角高程测量

三角高程测量路线应起闭于高等级控制点上，其边数不宜超过 12 条，边数超过规定时，应布设成节点网。三角高程路线垂直角应对向观测；电磁波测距极坐标法图根点垂直角可单向观测一测回，变动棱镜高度后再测一次；独立交会点亦可用不少于三个方向（对向为两个方向）单向观测的三角高程推算，其中测距要求和图根导线测距要求一样。三角高程测量技术指标应符合表 1-9 的规定。仪器高和棱镜高应量至毫米，高差较差或高程较差在限差内时，取其中数。当边长大于 400m 时，应考虑地球曲率和折光差的影响。计算三角高程时，角度应取至秒，高差应取至厘米。

表 1-9　三角高程测量技术指标

仪器类型	中丝法读数		垂直角较差、指标差较差（″）	对向观测高差、单向两次高差较差（m）	各方向推算的高程较差（m）	附合路线或环线闭合差	
	三角高程测量	高程导线				经纬仪三角高程测量（m）	高程导线（mm）
6″级测角仪器	1	对向 1 单向 2	≤25	≤0.4S	≤0.2H_d	≤±0.1 $H_d\sqrt{n_s}$	≤±40 $\sqrt{[D]}$

注：H_d为基本等高距；S 为边长。

1.4　数据采集

1.4.1　作业组织及准备工作

测区开始施测前，一般应根据所测区域的面积、地形地貌等，并结合单位自身的人员、装备等情况，把测区按自然带状地物（如街道线、河沿线等）为边界线构成分区界线，划分为便于作业的若干作业区。具体作业时应做好各作业区的统一调度和协调，保证各作业区在数据采集和处理时不存在矛盾，避免造成数据的重叠或漏测。

每日施测前，应对控制点数据进行检校，并对使用的全站仪、GPS 接收机等的性能、存储以及电池电量等进行检查，确保运行无误后方可投入使用。

1.4.2 采集方法与要求

1. 采集方法

现今，随着全站仪以及 GPS 接受机的大量普及，一般采用全站仪全野外法进行要素的采集。测区开阔并且观测条件较好的区域可采用网络 RTK 测量方式。传统的支距法、交会法、几何作图法等方法实际应用越来越少。

2. 网络 RTK 测图

对于已经建立网络 CORS 系统的地域，如测区开阔且观测条件较好，采用网络 RTK 测量模式进行外业数据的采集。具体观测要求如下：

（1）应采用带圆气泡的对中杆进行测量。

（2）具体技术要求应符合本章表 1-3、表 1-4 中关于碎部测量的规定。

（3）作业前后应进行已知点检核。在同等级或者高等级控制点上检核，平面位置及高程较差均不应大于 50mm。

3. 全站仪测图

采用全站仪全野外测图时，仪器设置及测站定向检查具体要求如下：

（1）设置在测站点位上的仪器对中偏差不应大于 5mm。仪器高和觇标高（棱镜中心高）应准确量取至毫米。

（2）在测站上应以较远的一测站点（或其他控制点）标定方向（起始方向），另一测站点（或其他控制点）作为检核，算得检核点的平面位置误差不应大于 0.10m；高程较差不应大于 1/6 基本等高距。

（3）每站数据采集结束时，应对标定方向进行检测。检测结果如超过上面（2）所规定的限差，检测前所测的碎部点必须重测。

测站点与碎部点观测记录应满足以下要求：

（1）数据采集所生成的数据文件应便于检索、修改、增删、通信与输出。

（2）外业数据记录文件应是一个文本文件，其格式可自行规定，但应具有通用性，便于转换，在上交成果时，应附加格式说明。

（3）数据记录文件应及时存盘，并做好双备份。

1.4.3 采集要求

（1）要素采集应不失真、不移位、无错漏。

（2）点状要素（独立地物）能按比例表示时应按实际形状采集，不能按比例表示时应准确测定其定位点或定线点。有方向性的点状要素应先采集其定位点，再采集其方向点（线）。

（3）具有多种属性的线状要素（线状地物、面状地物公共边、线状地物与面状地物边界线的重合部分）应只采集一次，但应处理好各种要素之间的关系。

（4）线状地物采集时，应视其变化测定，较复杂时可适当增加地物点的密度，以保证曲线的准确拟合。

（5）碎部点采集一般应在控制测量完成后进行。当用交会法测定地物点时，交会方向一般需三个，交会边长不宜大于定向距离。碎部点测距的最大长度不应超过 200m，以充分保证地形图的精度。为了正确反映地貌和准确绘制等高线，陡坎上、下、变坡处都需测量高程。等高线上的特征点、线都必须实测，只有等高线密集且等坡度情况下才允许内插。

（6）应注意不能遗漏所需的属性数据。属性项，属性数据的类型、代码和记录格式等应符合数据入库要求。

1.4.4　测绘内容、表示及取舍

1. 地物、地貌取舍要求

1∶500 地形图中应表示水系、居民地及设施、交通、管线、地貌、植被与土质等各项地物、地貌要素，以及地理名称注记等，并着重显示与城乡规划建设等有关的各项要素。

地物、地貌的各项要素的表示方法和取舍原则，除按《城市测量规范》（CJJ/T 8—2011）及《国家基本比例尺地图图式 第 1 部分：1∶500　1∶1000　1∶2000地形图图式》（GB/T 20257.1—2017）有关规定执行外，还应遵守下列有关规定。

（1）测量控制点。

一般根据项目实际需要确定是否注记测量控制点，具体表示参见 GB/T 20257.1—2017。

（2）水系。

河流、池塘、沟渠、井等水利设施，均应准确测绘表示，有名称的加注名称。季节性河流，按施测时的实际情况进行测量。

水涯线因季节性变化，可不更新。

水渠应测注渠顶边和渠底高程；堤坝应测注顶边及坡脚高程；池塘应测注池顶边高程及水面高程。

（3）居民地及设施。

居民地的各类建筑物、构筑物及主要附属设施应准确测绘实地外围轮廓和如实反映建筑结构特征。

房屋的轮廓应以墙基外角为准，依据建筑材料、性质分类、不同层次、不同高度，按真实方向逐个表示，并加注房屋结构简注和层数。分户丈量时要测记到厘米。

平房只注记房屋建筑材料，不注记层数，如“混”；楼房的地下室（或地下车库）应加注地下层数，地下只有一层的也应注记，如“砼 13-1”。楼房一层是车库的，层高超过 2.20m 的计入地上层数，不够 2.20m 的不计层数。

楼房上面的阁楼、水箱、楼梯间均不计层数。

新建房屋外装修完毕，且周边道路和设施已经基本形成，具备测量作业条件，应测绘。建筑中的房屋可只测绘施工区范围线。

待拆迁或即将拆迁的棚户区和农村居民地主要房屋建筑位置、层数应更新。

临时性房屋可舍去，街道两侧不正规的石棉瓦小雨棚、临时建筑物等不表示。正规停车棚用棚房符号表示。

架空房屋应准确表示，同时注意正确理解注记的架空层数，如“砼 3/2”，“3”表示架空层上面的建筑层数，“2”表示架空层数。

建筑物和围墙轮廓凸凹在图上小于 0.4mm，简单房屋小于 0.6mm 时，可用直线连接。

房屋内部天井宜区分表示。房屋的檐廊、挑廊、悬空通道、门洞下跨道、门院、门墩等应按图式要求表示；图上宽度大于 1mm 的室外楼梯应表示，不足三级且实际宽度小于 1.5m 的台阶可不表示。

依比例尺的温室、大棚内可不配置符号，但应注记植物种类的说明，一般应注记在温室内部，注记不下时，可注记在外部。

测绘垣栅应类别清楚，取舍得当。围墙、栅栏、栏杆等可根据其永久性、规整性、重要性等综合考虑取舍。

楼房阳台指伸出楼房墙外的悬挂部分，应同楼体区分并按图式表示；楼房阳台全部封闭并落地，视用图需要，可表示为楼房主体。

各种综合性的体育馆、科技馆、博物馆、展览馆均应注出专有名称，名称注记注不下时可简注。

三星级以上或县乡中较大规模的宾馆、饭店，应用符号在主要建筑物上表示出，五星级以上的宾馆饭店应加注专有名称注记。

大型商场、超市、剧院、电影院、电视台、电信局、邮局应用相应符号在主要建筑物上表示；电视台应加注专有名称注记。

固定的、大型的、有方位意义的宣传橱窗、广告牌、垃圾场、垃圾台、古迹、遗址、纪念碑、文物碑石、旗杆、雕塑、雕像等均应实测表示。季节性谷场不表示。

有明显方位意义、形体高大的独立坟墓应表示。

凡依比例尺的烟囱、水塔、纪念碑、塑像、微波传递塔等独立地物，其着地位置范围的几何图形中心，即为此地物的中心点，在其中标注的符号仅起说明作用。不依比例尺表示时，地物中心点与符号定位点在图上必须一致。

图上应准确表示工矿建筑物及其他设施的位置、形状和性质特征。工矿建筑物及其他设施依比例尺表示的，应实测其外部轮廓，并配置符号或按图式规定依比例尺符号表示；不依比例尺表示的，应准确测定其定位点或定位线，用不依比例尺符号表示。

（4）交通。

图上应准确反映陆地道路的类别和等级，附属设施的结构和关系；正确处理道路的相交关系及与其他要素的关系；正确表示河流的通航情况及各级道路的通过关系。

高速公路应测绘完整至道路两边的路缘石，高程注记点应测注在路缘石内测，中间隔离带、绿化带可不测绘。

高架铁路应测绘完整的桥梁和墩柱，铁轨可不测量；电气化铁路只测至其铁丝网。

已运营的地铁的地下隧道不测量，地铁出入口等地面设施应用相应的地物符号表示，地铁站出入口处适当位置应加注站名。轻轨线路应测绘完整的桥梁和墩柱，铁轨可不测量。

公路路中、道路交叉处、桥面等应测注高程，隧道、涵洞应测注出入口地面高程。

公路与其他双线道路在图上均应按实际宽度依比例尺表示。城市主次干道应注出道路名称。公路、街道不注技术等级代码，按其铺面材料分为水泥、沥青、砾石、条石或石板、碎石等，分别以砼、沥、砾、石、渣等注记于图中路面上，机耕路、大车路、小路上不注记铺面材料，铺面材料改变处用点线（地类界）分开。城市道路边上的花砖铺装道路，注记“花砖”。

停车场只表示有人值守的固定停车场，小区内部楼房前后的停车场可以不表示。

城市道路为立体交叉或高架道路时，应测绘桥位、匝道与绿地等，多层交叉重叠，下层被上层遮住的部分不绘，桥墩或立柱应表示。

路堤、路堑应按实地宽度绘出边界，并在其坡顶、坡脚适当测注高程。

道路通过居民地不宜中断，应按真实位置绘出。街道应将车行道、分割带、人行道与绿化带等绘出。

跨河流、沟渠等的桥梁，应实测桥头、桥身和桥墩位置。

街道信号灯应按图式实测表示。

单位小区内主要内部道路应表示。

（5）管线。

永久性的电力管线、电信线均应准确表示，电杆、铁塔位置均应实测。当多种线路在同一线杆上时，只表示主要的。建筑区内电力线、电信线可不连线，但应在杆架处绘出线路方向。各种线路应做到线类分明，走向连贯。35kV 以上（含 35kV）的电力线一般应调查并注记线路名称和伏数，伏数以 kV 为单位。

架空的、地面上的、有管堤的管道均应实测，分别用相应符号表示，并注记传输物质的名称。当架空管道直线部分的支架密集时，可适当取舍。单位、居民小区内部的架空管道，可适当取舍。地下管线、暗沟一般不表示，但管线指示桩应实测表示。

地下管线检修井重点表示主管和铺装路上的检修井，市区街道（含绿化带）及其两侧至院墙、栅栏、楼房范围内的检修井必须测绘；单位、小区内部铺装路（内部路）和人行道上的检修井必须测绘。室外的消火栓应测绘。

（6）境界。

一般根据项目实际需要确定是否测绘，具体表示参见 GB/T 20257.1—2017。

（7）地貌。

地貌的测绘，图上应正确表示其形态、类别和分布特征。

自然形态的地貌宜用等高线表示，崩塌残蚀地貌、坡、坎和其他特殊地貌应用相应符号或用等高线配合符号表示。

各种天然形成和人工修筑的坡、坎，其坡度在 70°以上时表示为陡坎，70°以下时表示为斜坡。斜坡在图上投影宽度小于 2mm 时，以陡坎符号表示。当坡、坎比高小于 1/2 基本等高距或在图上长度小于 5mm 时，可不表示。坡、坎密集时，可适当取舍。

坡度在 70°以下的石山和天然斜坡，可用等高线或用等高线配合符号表示。独立石、土堆、坑穴、陡坎、斜坡、梯田坎、露岩地等应在上下方分别测注高程，不采用注记比高的方式表示相对高差。

斜坡坡面较宽时应测出坡脚线，用地类界线符号表示。

等高线需合理、光滑、无遗漏，并与高程注记点相适应。

（8）植被与土质。

地形图上应正确表示出植被的类别特征和范围分布。对园地、耕地应实测范围，配置相应的符号表示。大面积的植被在能表达清楚的情况下，可采用注记的形式进行说明。同一地段生长有多种植物时，可按经济价值和数量适当取舍，符号配置不能超过两种。

旱地包括种植小麦、杂粮、棉花、烟草、大豆、花生和油菜等的田地，经济作物、油料作物应加注品种名称。一年分几季种植不同作物的耕地，应以夏季主要作物为准配置符号表示。

地类界与现状地物重合时，按线状地物采集。

田块内应测注有代表性的高程。

有方位意义的独立树、行树应表示。

各种土质按图式规定的相应符号表示，大面积沙地应用等高线加注记表示。

（9）注记。

要求对各种名称、说明注记和数字注记准确注出。图上所有居民地、道路（包括街巷）、河流、沟渠等自然地理名称以及企事业单位名称，均应实地调查核实，有法定名称的以法定名称为准，并应正确完整注记。

（10）其他按需选取表示的地物。

《国家基本比例尺地图图式　第 1 部分：1∶500 1∶1000 1∶2000 地形图图式》中规定的 1∶500 比例尺地形图中可以选取表示的地物按需测绘并表示即可。

2. 地形图上各种要素的配合表示

当两个地物重合或接近，难以同时准确表达时，可将重要的地物准确表示，次要地物移位 0.3mm 表示，不采用缩小符号尺寸的方式。线状符号相距很近时，可移位或共线描绘。比如，双线道路与房屋、围墙等高出地面的建筑物边线重合时，可以建筑物边线代替路边线，道路边线与建筑物的接头处不留间隔；公路的路基线与斜坡、陡坎的上沿线重合或图上间距不足 0.3mm 时，按斜坡、陡坎符号绘出，省略路基线。

独立性地物与房屋、道路、水系等其他地物重合时，将独立性地物完整绘出。不能采用中断其他地物符号的方式，但应注意不影响判读。

悬空建筑在水上的房屋与水涯线重合，可间断水涯线，房屋照常绘出。

应注意避免注记压盖地物符号情况。当必须压盖时，应避免压盖遮挡主要地物和地形特征部分，被压盖的线划符号等不能修剪。

等高线遇到双线的道路、河流、沟渠、塘、房屋及其他建筑物、路堤、路堑、坑穴、陡坎、斜坡等均应中断；遇到电杆、独立地物符号时，稍微移位等高线的局部位置；遇到高程注记、文字注记时调整注记位置；遇到植被符号时可移位符号或删除被压盖的符号（在不影响正确判读的情况下）；允许采用计曲线上的等高线注记压盖等高线的情况，即等高线遇到等高线注记不断开。

3. 高程点密度及分布

图上的高程注记点应分布均匀，丘陵地区高程注记点间距宜为15m，平坦及地形简单地区可放宽至1.5倍，但最低不应少于每100cm^{2}内5个点；地貌变化较大的丘陵地、山地与高山地应适当加密。

山顶、鞍部、山脊、山脚、谷底、谷口、沟底、沟口、凹地、台地、河川湖池旁、水涯线上以及其他地面倾斜变换处，均应测注高程点。

城镇建筑区高程点应测设在街道中心线、道路交叉中心、桥面、广场、较大的庭院内或空地上以及其他地面倾斜变换处。

高程注记点一般不压盖点状、线状地物。

1.4.5 其他特殊情况的处理

测区内不允许测绘人员进入的较大的企事业单位、机关或居民院落，可只测出其外廓，在其范围线内加上“现场不配合，未测量”文字说明。凡不属于军队或保密单位的，还应注出单位名称；属于居民院落的，只注记“现场不配合”。

凡属于军事设施和国家保密单位的，测绘工作进行前应事先与有关单位联系，经同意后方可进入内部进行实地测绘；如若不同意进入内部进行实地测绘，属于军队的内注“军”字，属于保密单位的不注记真实名称，可用公开名称进行注记。

作业人员在工作过程中所看到的军事禁区和国家保密单位的情况，不得转告无关人员，严防泄密。利用自然地形作掩体的特殊用途洞库（如武器库、弹药库、电机库等）以及地下的人防设施，图上均不表示。

正在施工的区域一般测绘其范围加注“施工区”即可；施工区中的基坑以及在建建筑物，没有特殊要求的，可不测绘。

1.5 地形图修测

1.5.1 资料收集分析

收集项目所需资料，包括测区范围内已有地形图、各类工程图、影像图、实景三维模型、测区附近控制点成果等。在收集过程中应做好数据的安全和保密工作，数据指定专人保管，重要数据进行备份。对收集到的资料进行认真分析，并验证其在项目中的可利用性。

1.5.2　变化信息获取

变化信息的获取可以通过最新的工程图成果、影像资料、小区或市政工程竣工信息以及媒体报道的重大工程项目情况进行变化信息的获取。此外，还应结合必要的实地踏勘，以全面了解测区的变化情况，制订合理的修测方案。

1. 利用工程图成果发现变化信息

可利用收集到的现势性较好的各类工程图成果发现测区范围变化信息。

2. 利用媒体报道发现变化信息

可以通过媒体报道，获取测区内近期关于拆迁、工程竣工（如新建小区、市政道路竣工）、重大工程项目建设情况等信息，及时发现变化信息。

3. 其他信息搜集

可以通过与城市建设管理相关的各委办局，如园林局、自然资源和规划局、市政公用事业局等政府部门，及时搜集相关建设信息，及时发现变化信息。

1.5.3　修测方法及要求

（1）修测地形图时应充分利用测区内保存完好可供利用的已有控制点，但使用前应进行检核，检核满足精度要求后方可使用。

（2）补测新建住宅楼群、独立高大建筑物、变化面积较大的区域以及变化比较复杂的地物地貌时，均应先施测图根控制点，再采用全站仪坐标采集的方式进行修测。当局部区域地物变动不多时，如道路上的花坛拐角、线杆等地物，可利用经校核的地物点进行补测，但修测后的地物点不能再作为修测新地物的依据。

（3）修测时如发现原数据中已有地物、地貌、注记、分层有明显错误或粗差时，应进行纠正。更新地物与原地物衔接时，应协调好更新地物与原地物的关系，保持要素互相间位置关系的正确性。

1.6　数据处理

1.6.1　数据处理原则

（1）外业原始测量数据不能随意修改。

（2）数据应及时处理，并对照实地进行检核。

（3）图廓数据，包括《图式》规定的用于图廓整饰的内图廓线以外的所有线划、注记文本、说明、图例等和内图廓线以内的直角坐标网线应通过软件自动生成。

（4）图形、属性数据处理应以作业分区为单位统一进行，应根据规定建立拓扑关系。

（5）数据分幅时，应保证地形要素在本图幅和相邻图幅中，几何图形要素属性和拓扑关系的一致。

（6）线划必须光滑、自然、清晰，无挤压，无重复现象。

（7）面状要素应封闭，无悬挂或过头现象。一个面状要素应能唯一标识。

（8）线划应连续，线划相交不允许有悬挂，不允许有线划被错误打断的现象，需连通的要素应保持连通。

（9）有方向性的要素，其符号方向必须正确。

（10）描述每个地形要素特征的属性类型应完备，不应有遗漏。

1.6.2 数据的整理和检查

（1）外业数据应在一天或一阶段采集工作完成后及时进行处理、检查。属性数据应对照实地进行检查。

（2）当对照检查发现有矛盾时，如草图绘制有错误，应按照实地情况修改草图；如数据记录有错误，可修改测点编号、地形码和信息码，对于记录中的水平角、垂直角、距离、觇标高、坐标和高程等观测数据不允许修改，必须返工重测。

（3）删除或标记作废记录，补充实测时来不及记录的卷尺量距点和公共点记录。

（4）检查修改后的数据应及时存盘，并作双备份。

1.6.3 等高线处理

（1）等高线及DTM构网应以作业分区为单位建立和处理。DTM（或等高线）应连续无缝，不应因分幅而造成变形。

（2）建立DTM时，应充分考虑各种地性线、断裂线和微地貌的表示，以保证地貌的真实性。

（3）生成等高线前必须认真细致地检查所用的DTM，确保DTM严密、正确。

（4）等高线生成后应对照实地进行检查，发现错误应及时改正。

（5）计曲线注记应保留到小数点后一位，应注记在平缓处，注记字头应朝向高的方向，但应避免注记倒置。当注记倒置无法避免时，可用高程注记点代替计曲线注记。

1.6.4　数据分层

数据分层应严格按照绘图软件定制的图层进行，为了数据的通用性和入库的要求，不得私自添加、更改图层。

1.6.5　数据接边

各作业区数据整理完成后，对各作业片区进行以下接边处理：

（1）基本要求：相邻片区之间对同一要素进行接边，做到位置正确、形态合理、属性一致，如房屋接边时除保证不产生错位外，房屋的性质以及层数必须完全一致，同时应连接在一起。

（2）位置接边：同一要素应在街区范围线处相互接边，实交于一点，如道路的线形、线宽以及中心线接边时须保持一致，并将其连接起来。

（3）形态接边：同一要素接边后应保持合理的几何形状，如输电线路、道路、等高线、水岸线等不应在接边处出现转折。

（4）属性接边：同一要素接边后应保证属性一致。

1.6.6　图廓整饰

内图廓整饰按《图式》要求进行。外图廓整饰可参考以下要求：

（1）图幅接合表可只注图号，不注图名；

（2）左下角竖行注“单位名称”，横行注：

平面坐标系统。

1985 国家高程基准，等高距为 0.5（或 1.0）m。

采用的图式说明。

测制时间。

（3）下方中间为测图比例尺，右下角为测量员、绘图员、检查员。

（4）右侧附注注记：“附注：图中未注明植被为×××”。

1.7　上交和归档成果及其资料内容和要求

上交资料要齐全、规整，数据文件应正确、完整，文档资料应规范、清晰。上交和归档的成果数据和文档资料如下：

（1）技术设计书；

（2）测区控制点展点图；

（3）图根控制原始观测资料；

(4) 图根控制平差计算资料；

(5) 控制点成果表；

(6) 地形图数据（不分幅）；

(7) 地形图数据（分幅图）；

(8) 碎部点数据文件；

(9) 输出的地形图；

(10) 产品检查报告；

(11) 技术总结；

(12) 合同文件；

(13) 其他资料。

第 2 章　土地勘测定界测绘

土地勘测定界（以下简称勘测定界），是根据土地征收、征用、划拨、出让、农用地转用、土地利用规划及土地开发、整理、复垦等工作需要，实地界定土地使用范围、测定界址位置、调绘土地利用现状，计算用地面积，为自然资源行政主管部门用地审批和地籍管理等提供科学、准确的基础资料而进行的技术服务性工作。

目前，不同用途的勘测定界要求各不相同，给工作的开展带来了一定的困难。现阶段勘测定界工作仅有中华人民共和国国土资源部发布的《土地勘测定界规程》（TD/T 1008—2007）可供参考，但该规程发布时间较久，只是对勘测定界进行了宏观上的规范，对现行的勘测定界工作指导意义不大。为了规范化勘测定界业务，提高勘测定界业务技能，本章以《土地勘测定界规程》（TD/T 1008—2007）为依据，在该规程的基础上对土地勘测定界的具体流程和内容进行了进一步的梳理和细化，系统地阐述了勘测定界业务的整个流程、制作成果的要求和注意事项以及一些在制作过程中的创新方法，实用性进一步增强，以期提高成果质量与工作效率。

本章仅针对勘测定界的内业工作。如有外业工作，具体流程与要求请参考《城市测量规范》。

2.1　工作流程

2.1.1　业务受理

接受用地单位或自然资源行政主管部门的委托进行勘测定界。在此过程中与甲方进行积极有效的沟通，准确把握甲方的勘测定界需求。

2.1.2　资料收集

在勘测定界工作正式开始之前，要做好相关资料的收集工作，需要收集的资料包括：

（1）城市规划区内建设用地规划许可证或选址意见书、土地证、宗地图、规划条件附图等；

（2）批准的施工设计和有关资料；
（3）自然资源行政主管部门在前期对项目用地的审查意见；
（4）土地利用现状图、土地利用总体规划图、影像图；
（5）征地数据、收储数据、供地数据、土地确权数据等；
（6）旧的权属资料、地形图等。

2.1.3 现场踏勘

现场踏勘是勘测定界中的基础性工作，实地调查核实用地范围内的行政权属界线、现场情况等，初步了解用地情况。

在对收集到的图件及勘测资料进行分析的基础上，进行现场踏勘，并测绘地形图。对于界线不清等特殊情况，需要现场实测用地范围界线。

2.1.4 勘测定界

根据前期的调查成果，结合用地范围和征地、供地等数据进行内业整理：编绘勘测定界图，计算用地面积，编制勘测定界技术报告书等。

2.1.5 提交成果

提交成果包括勘测定界图、勘测定界技术报告书、不动产权籍调查表、现场勘查确认表、坐标串等。不同类型的勘测定界，其成果要求也不一致，各类型勘测定界所需提交的成果详见后文。

2.1.6 检查验收

勘测成果的验收遵循两级检查、一级验收的原则，单位对成果质量实行过程检查和最终检查。过程检查是指在作业组（人员）自查互检的基础上，由生产单位的作业部门（如分院、中队、分队）按相应的技术标准、技术设计书和有关的技术规定所进行的全面检查。最终检查是在过程检查的基础上，生产单位的质量管理部门代表生产单位对生产部门生产的产品所进行的再一次全面检查。验收是指甲方自行验收或委托有能力的第三方机构进行验收，并由有权批准该项目用地的政府行政主管部门认可。

2.2 与勘测定界相关的土地熟化开发流程

从提出用地申请到取得土地再到开发土地是一个系统的过程。勘测定界工作贯穿于土地熟化开发的整个过程，勘测定界成果是土地熟化开发各个环节必不可少的资料之一。具体土地熟化开发流程如图 2-1 所示：

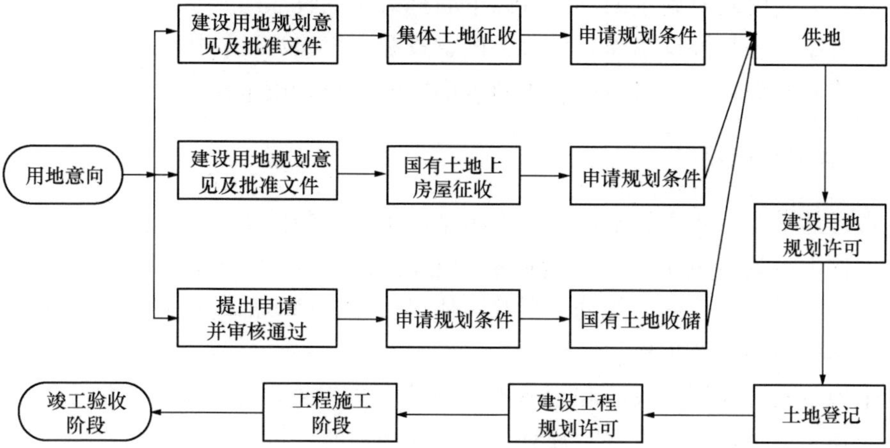

图 2-1　土地熟化流程图

土地熟化开发过程的基础是集体土地征收、国有土地房屋征收、国有土地收储（特殊情况还有国有无主地公告）环节，这是保障土地达到供应条件的主要途径。土地熟化开发环节相互独立，各环节适用的情况也不一样。进行勘测定界前应对用地的情况进行分析，根据地块不同的土地类型和使用情况选择正确的方法。

2.2.1　集体土地征收

集体土地征收主要适用于农民集体所有的土地。在审批过程中，分为城市分批次建设用地审批和单独选址建设项目用地审批。

城市分批次建设用地审批是指在土地利用总体规划确定的城市和村庄、集镇建设用地规模范围内，为实施该规划而将农用地转为建设用地的，按土地利用年度计划分批次由原批准土地利用总体规划的机关批准。

单独选址建设项目用地审批是指在土地利用总体规划确定的城市和村庄、集镇建设用地规模范围外选址进行建设的用地的审批，主要包括能源、交通、水利、矿山、军事设施等建设项目。

2.2.2　国有土地上房屋征收

国有土地上房屋征收主要适用于国有土地且地上建筑物密集、容积率高的情况。对被征收人的补偿包括：被征收房屋的价值，因征收房屋造成的搬迁、临时安置费用以及因征收房屋造成的停产停业损失，对土地不进行补偿。

市、区人民政府负责辖区内国有土地上房屋征收与补偿工作。市城乡建设主管部门和区人民政府确定的部门（以下简称房屋征收部门）负责组织辖区内国有土地上房屋征收与补偿工作。发改、国土资源、规划、城管执法、住房保障管理等部门依照职责，共同做好国有土地上房屋征收与补偿工作。

2.2.3 国有土地收储

市自然资源行政主管部门负责本市辖区土地收购储备工作。土地收购储备的具体工作由市政府赋予土地收购储备职能的机构（以下简称土地收储机构）承担。市发改、城乡建设、规划、财政、住房保障管理等部门按照各自职责，做好土地收购储备的相关工作。

土地收购分为评估收购和土地出让分成收购两种方式。规划为非经营性用地的，应当采取评估收购方式；规划为经营性用地的，可以采取评估收购方式，经土地收储机构同意也可以采取土地出让分成收购方式。

纳入土地储备范围内的土地包括：依法收回的国有土地，收购的土地，行使优先购买权取得的土地，已办理农用地转用、土地征收批准手续的土地，其他依法取得的土地。

2.2.4 国有无主地公告

国有无主地公告主要适用于国有土地且土地使用权人不明的情况。需向自然资源行政主管部门提出申请，并在报纸、网站等媒体上发布公告。公告内容包括土地的位置、面积、现场情况等。公告发布后在规定时间内有异议者，提供相关证明资料申明情况，逾期未申请视为自行放弃。

2.2.5 供地

供地是指经批准的建设项目需要使用国有建设用地的，建设单位应当持法律、行政法规规定的有关文件，向有批准权的县级以上人民政府土地行政主管部门提出建设用地申请，经土地行政主管部门审查，报本级人民政府批准。供地方式主要包括划拨国有建设用地使用权和出让国有建设用地使用权等。

划拨国有建设用地使用权是指土地使用者经县级以上人民政府依法批准，无偿取得的或者缴纳补偿、安置等费用后取得的，没有使用期限限制的国有建设用地使用权。可以以划拨方式取得建设用地使用权的包括：国家机关用地和军事用地，城市基础设施用地和公益事业用地，国家重点扶持的能源、交通、水利等项目用地，法律、行政法规规定的其他符合条件的用地。

出让国有建设用地使用权是指国家以土地所有者的身份，将国有土地使用权在一定年限内让与土地使用者，土地使用者以向国有土地所有者代表支付出让金为对价而取得的有期限限制的国有土地使用权。土地使用权出让最高年限按下列用途确定：居住用地 70 年；工业用地 50 年；教育、科技、文化、卫生、体育用地 50 年；商业、旅游、娱乐用地 40 年；综合或者其他用地 50 年。

2.2.6　建设用地规划许可

建设用地规划许可证是城市规划行政主管部门确认建设项目位置和范围符合城市规划的法定凭证，是建设单位用地的法律凭证。没有此证的用地单位属非法用地。

《中华人民共和国城乡规划法》第三十七条规定：在城市、镇规划区内以划拨方式提供国有土地使用权的建设项目，经有关部门批准、核准、备案后，建设单位应当向城市、县人民政府城乡规划主管部门提出建设用地规划许可申请，由城市、县人民政府城乡规划主管部门依据控制性详细规划核定建设用地的位置、面积、允许建设的范围，核发建设用地规划许可证。建设单位在取得建设用地规划许可证后，方可向县级以上地方人民政府土地主管部门申请用地，经县级以上人民政府审批后，由土地主管部门划拨土地。

第三十八条规定：在城市、镇规划区内以出让方式提供国有土地使用权的，在国有土地使用权出让前，城市、县人民政府城乡规划主管部门应当依据控制性详细规划，提出出让地块的位置、使用性质、开发强度等规划条件，作为国有土地使用权出让合同的组成部分。未确定规划条件的地块，不得出让国有土地使用权。以出让方式取得国有土地使用权的建设项目，建设单位在取得建设项目的批准、核准、备案文件和签订国有土地使用权出让合同后，向城市、县人民政府城乡规划主管部门领取建设用地规划许可证。城市、县人民政府城乡规划主管部门不得在建设用地规划许可证中，擅自改变作为国有土地使用权出让合同组成部分的规划条件。

2.2.7　土地登记

土地登记是指县级以上人民政府及土地登记机关根据土地登记申请人的申请依法对国有土地使用权、集体土地所有权、集体土地使用权及土地他项权利进行确认，核发土地证书的行为。土地证书是土地权利人依法拥有的对土地占有、使用、收益及处分权利的法律凭证。土地登记包括土地总登记、土地初始登记、土地变更登记、注销登记及其他登记。

2.2.8 建设工程规划许可

建设工程规划许可证是城市规划行政主管部门依法核发的，确认有关建设工程符合城市规划要求的法律凭证，是建设单位建设工程的法律凭证。没有此证的建设单位，其工程建筑属违章建筑，不能领取房地产权属证件。

《中华人民共和国城乡规划法》第四十条规定："在城市、镇规划区内进行建筑物、构筑物、道路、管线和其他工程建设的，建设单位或者个人应当向城市、县人民政府城乡规划主管部门或者省、自治区、直辖市人民政府确定的镇人民政府申请办理建设工程规划许可证。"

2.3 勘测定界工艺流程

勘测定界涉及类型多，以下针对土地使用流程中的重点类型勘测定界项目进行分析解剖，从准备资料、内业处理、成果清单、注意事项等方面讲解各类型的勘测定界。

2.3.1 规划报建类

规划报建类勘测定界大致分两种情况：一是在前期，制作勘测定界成果上报规划部门，申请用地条件；二是在取得土地后，制作勘测定界成果上报规划部门，办理建设用地规划许可证。

1. 准备资料

（1）用地范围；

（2）反映现状的 1∶500 地形图；

（3）用地范围周边的供地数据、征地数据。

2. 内业处理

规划报建类的勘测定界相对于其他类型的勘测定界来说较为简单，考虑的因素较少，最重要的是确定范围线。

（1）处理用地范围线。

根据用地范围提取范围线，同时结合已征地数据、供地数据对范围线进行局部调整（办理建设用地规划许可类的面积需与出让合同上的面积一致，其他类型的面积保留整数即可）。检查范围线是否有弧线、两点之间距离是否大于 150m。如果有弧线，进行弧线转折线处理；如果两点之间距离大于 150m，在两点之间加点。

（2）制作勘测定界图。根据处理好的用地范围线生成界址点、界址线制作勘测定界图，图中标注用地面积和界址点坐标表。

3. 成果清单

（1）勘测定界图；

（2）地形图。

4. 注意事项

（1）确保范围线中没有弧线。在进行弧线转折线过程中，为保证精度，弧线转成折线后两点之间的距离不宜小于 2m，总面积变化不宜超过 $3m^2$。

（2）界址点编号。界址点编号原则上应以用地范围为单位，从左到右，自上而下统一编号，做到不重点、不漏点。

小技巧：在生成界址线后，先生成 Excel 格式的界址点成果表，在右下角显示最大值和最小值，选中“边长”列就能快速查看是否有两点距离为零或大于 150m。处理完毕后再进行后面的步骤，以防成果做完了才发现界址点距离不合要求。

（3）文字、多段线的属性标准。勘测定界图中要素多，为保证各要素在布局上要合理、一致，可参照以下标准进行字体、高度、宽度、线形等属性的设置（以 1∶500 比例尺为例）：

图名：字体—黑体，高度—2.5～3，宽度比例—1；

方格网注记：字体—黑体（等线体），高度—1.2，宽度比例—0.8；

界址点：字体—宋体，高度—1.5，宽度比例—1；

界址线：线型—Continuous（代征道路、绿化带等市政用地范围线型为 X5），宽度—0.15，宽度比例—1；

测绘单位名称：字体—黑体（等线体），高度—2，宽度比例—1；

坐标系等信息：字体—HZ，高度—1.5，宽度比例—1；

比例尺：字体—宋体，高度—2，宽度比例—1；

人员信息：字体—HZ，高度—1.5，宽度比例—1。

注意：界址点、界址线、文字信息等要素要置于最上层，防止被地形图压盖。

5. 地形图范围

规划报建类的勘测定界图要求地形图的范围一般为用地范围外扩 75m 的范围，也可为了美观布满图幅。

2.3.2　土地征收类

土地征收类勘测定界适用于将农民集体所有的土地征为国家所有的情况。在土地征收过程中，由政府或用地单位提出申请，由土地部门进行土地预审工作，由规划部门进行规划选址工作，由林业、环保等部门进行林地、环保等初审工作。土地初审阶段，政府部门或用地单位会委托测绘单位进行勘测定界，制作勘测定界图（加 39 带号，本章所提及的图件在没有特殊说明的情况下指的都是不加 39 带号的）等成果。

1. 准备资料

（1）用地范围；

（2）地形图；

（3）用地范围周边的供地数据、征地数据；

（4）土地确权数据；

（5）土地利用现状数据；

（6）土地利用总体规划数据。

2. 内业处理

重点工作主要包括：确定权属单位；确定用地范围四至；确定地类。具体如下：

（1）微调用地范围。

根据已征地数据、供地数据微调用地范围。如果用地范围和周围的已征土地和已供土地间存在狭小细缝或重合，应将用地范围线和周围已征地、供地范围线接边，保证线与线之间无缝衔接。同时，对范围线进行弧线和两点之间的距离检验。

对于已征地范围线与已供地范围线不一致的情况，一般以已供地范围线为准。

（2）确定权属单位。

将用地范围线和土地确权数据叠加，通过叠加分析获取用地范围内的权属情况，将村界线和村名标注在图上。

（3）确定四至。

根据已供地数据、土地确权数据分析确定用地的四至。四至是重要的因素，涉及后期的勘测定界图的盖章和地籍调查的签字盖章，一旦四至有误，前期的签字、盖章都将作废。

（4）确定地类。

确定用地范围内的地类是整个征地类勘测定界中最关键也是最复杂的一个环节。对于确定地类，每个地市的具体要求不尽相同，有的要求直接采用全国第二次土地调查成果中的地类；有的考虑到土地地类溯源，追踪地类变化过程，需要叠加过去几年的地类后取最高地类，地类叠加优先级是农用地高于未利用地，未利用地高于建设用地。本节拓展内容中提供了新的方法进行三年地类叠加分析，将原来复杂的工作简化，提高了工作效率。

根据权属单位及地类统计结果，填写征地权属地类明细表，征地权属地类明细如表 2-1 所示。

表 2-1　征地权属地类明细表

权属单位	权属性质	总面积	农用地					建设用地		
			合计	耕地	园地	林地	其他农用地	合计	城镇村及工矿用地	
				水浇地	果园	其他林地	农村道路		村庄	建制镇
×××村	集体									
×××村	集体									
合计										

（5）制作勘测定界图。

根据处理好的用地范围线制作勘测定界图。图中标注征地权属地类明细表、界址点坐标表、图例、四至等信息。

3. 成果清单

（1）勘测定界图（加 39 带号）；

（2）土地利用现状图（标准分幅）；

（3）土地利用总体规划图；

（4）宗地图；

（5）坐标串；

（6）土地勘测定界技术报告；

（7）不动产权籍调查表；

（8）现场勘查确认表。

4. 注意事项

（1）注意飞地的情况。

飞地是指隶属于某一行政区管辖但不与本区毗连的土地。某些村可能存在飞地的情况，飞地一般地块面积不大，确认时容易漏掉。在摸清土地权属单位时要全面、详细，避免弄错权属单位。

（2）预先留点。

在范围线与村界及其他四至权属单位相交的地方预先在范围线上加点，便于后期进行地籍调查时确定四至。

（3）地类统计时线状地物的处理。

根据线状地物的宽度将线状地物缓冲成面，以便统计线状地物面积。

5. 基于 ArcGIS 的勘测定界地类叠加分析

地类的确定是征地类勘测定界中的重点和难点，传统的利用南方 CASS 软件进行指定几年地类的比较取舍，既费时又费力还容易出错，效率低下。利用ArcGIS软件进行地类叠加分析能快速确定最高地类成果。下面以综合2006年、2009年、2016年三年的土地利用现状地类为例进行说明：

（1）文件转换。

利用ArcGIS软件进行叠加分析时，首先需要将范围线dwg格式转换为ArcGIS的shp格式。在ArcGIS的内容列表中找到范围线×××.dwg.Polygon→右键→数据→导出数据，如图2-2所示：

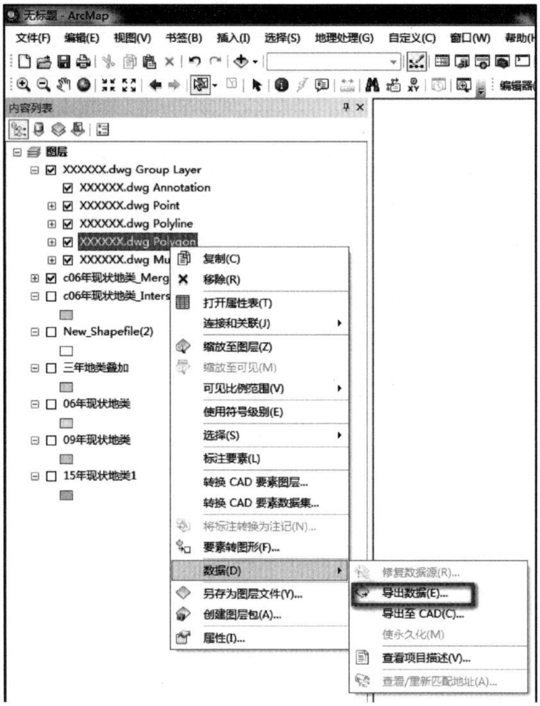

图2-2　格式转换

（2）裁剪三年地类范围。

打开ArcToolbox，在ArcToolbox中选择分析工具→叠加分析→相交工具，用范围线分别与2006年、2009年、2016年地类相交，分别得到范围内的三年地类“2006.shp”“2009.shp”“2016.shp”（图2-3）。

（3）叠加三年地类。

打开ArcToolbox，在ArcToolbox中选择数据管理工具→常规→合并工具，将三年地类进行叠加合并，得到“三年地类合并.shp”（图2-4）。

（4）分析确定最高地类。

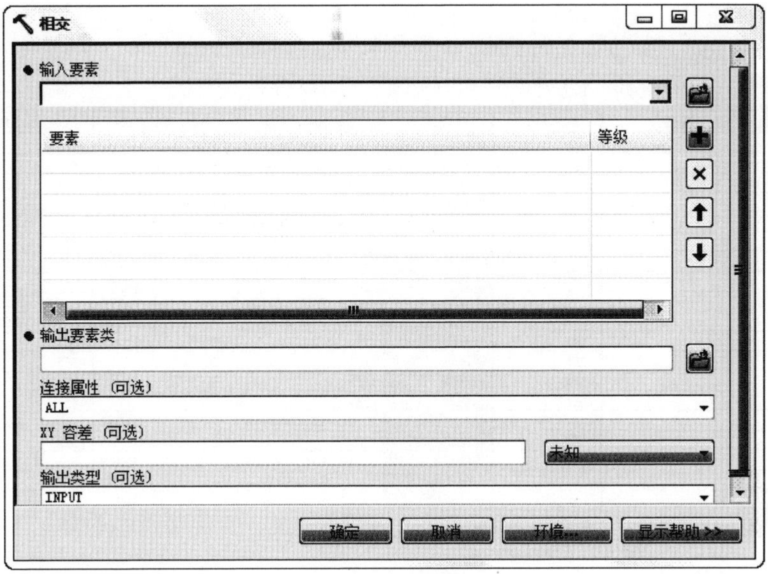

图 2-3　范围裁剪

图 2-4　地类合并

将“三年地类合并 . shp”调整至编辑状态，打开其属性表，定位到“地类名称”列（图 2-5）。

选中所有的“水浇地”地块，选择编辑器→合并，将所有的“水浇地”地块

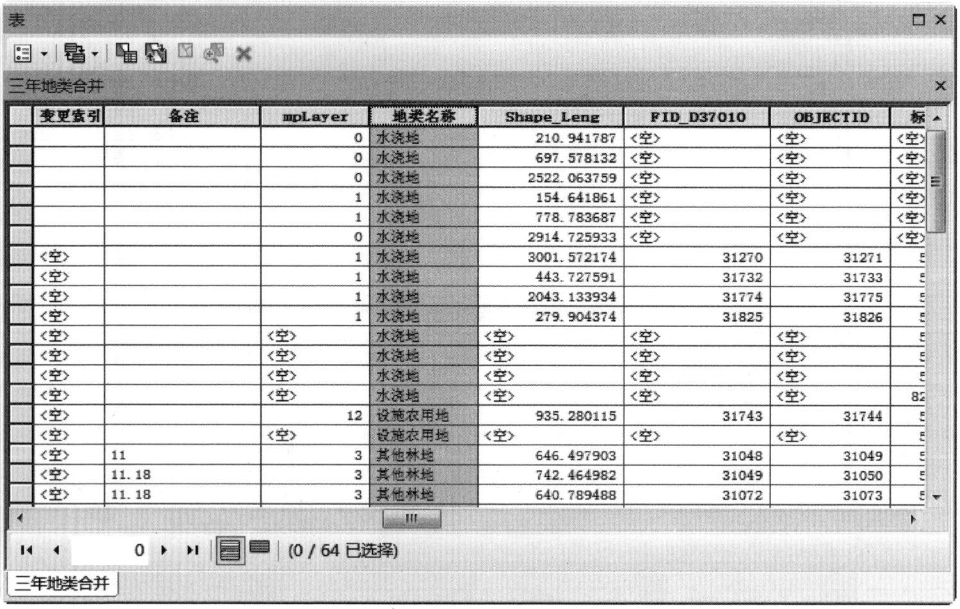

	变更索引	备注	mpLayer	地类名称	Shape_Leng	FID_D37010	OBJECTID	标
			0	水浇地	210.941787	<空>	<空>	<空>
			0	水浇地	697.578132	<空>	<空>	<空>
			0	水浇地	2522.063759	<空>	<空>	<空>
			1	水浇地	154.641861	<空>	<空>	<空>
			1	水浇地	778.783687	<空>	<空>	<空>
			0	水浇地	2914.725933	<空>	<空>	<空>
	<空>		1	水浇地	3001.572174	31270	31271	5
	<空>		1	水浇地	443.727591	31732	31733	5
	<空>		1	水浇地	2043.133934	31774	31775	5
	<空>		1	水浇地	279.904374	31825	31826	5
	<空>		<空>	水浇地	<空>	<空>	<空>	5
	<空>		<空>	水浇地	<空>	<空>	<空>	5
	<空>		<空>	水浇地	<空>	<空>	<空>	5
	<空>		<空>	水浇地	<空>	<空>	<空>	82
	<空>		12	设施农用地	935.280115	31743	31744	5
	<空>		<空>	设施农用地	<空>	<空>	<空>	5
	<空>	11	3	其他林地	646.497903	31048	31049	5
	<空>	11.18	3	其他林地	742.464982	31049	31050	5
	<空>	11.18	3	其他林地	640.789488	31072	31073	5

图 2-5　地类属性表

合并。接着选择编辑器→裁剪，去掉“水浇地”中的其他重复地类（图 2-6）。按照高地类到低地类的顺序如此循环处理，直到处理到最低的地类。处理完后即得到了按最高地类原则取舍的三年叠加地类。

（5）格式转换。

将处理的 shp 格式的三年叠加地类转换为 dwg 格式，并标上地类名称，即得到最终的地类范围和面积。

该方法将 ArcGIS 软件强大的数据分析处理功能应用于传统的勘测定界工作中，弥补了南方 CASS 软件在数据叠加分析中的劣势，优化了工作方法，大大提高了工作效率。

2.3.3　土地收储类

为节约和合理利用土地，优化配置土地资源，对土地进行收储。土地收购过程中向市规划部门征询拟收购土地规划性质、委托编制规划策划方案、申请规划条件（包括用地范围、用地性质、建筑密度、容积率、绿地率等规划指标）。测绘单位根据规划条件对拟收储土地进行勘测定界，制作勘测定界图等成果。

1. 准备资料

（1）拟收储范围；

（2）地形图；

图 2-6　叠加分析图

（3）规划条件附图；

（4）国有土地使用证；

（5）拟收储范围周边的供地数据、征地数据；

（6）土地确权数据。

2. 内业处理

内业处理的重点工作是分析规划条件附图和确定拟收储范围四至。

（1）处理拟收储范围线、确定四至。

根据供地数据、征地数据、土地确权数据分析拟收储范围的四至。若拟收储范围与周边已供的地块相邻，四至即为该已供地块的单位名称；若拟收储范围与周边已征未供的地块相邻，四至即为×××区建设用地（不同地区要求不一样，以具体要求为准）；若拟收储范围周围无已供、已征或已收储地块，则根据土地确权数据确定权属单位（村名）；若拟收储范围与规划道路或绿化带相邻，四至即为规划道路或绿化带，如果道路已存在，四至为道路名称。根据确定的四至对用地范围线进行处理，分析四至地块与用地范围的接边情况，接边处应加点。

（2）分析规划条件附图。

规划条件附图是由规划部门出具的 2000 国家大地坐标系的图件。以济南市为例，一般图中的粉色线表示项目规划建设用地（即净用地）范围，蓝线表示总用地范围（部分区的规划条件附图可能没有总用地范围），红线表示规划道路范围，绿线表示规划绿化带范围，青色线表示规划河道范围。粉色线是大致的范围，并不是很精确，若粉色线与红线或绿线等重合，则以红线或绿线为准。其他地市可能有所不同，应结合当地情况具体分析。

（3）确定拟收储范围规划情况。

将拟收储范围线与规划条件附图进行套合，分析拟收储范围所占的规划条件情况，区分出项目规划建设用地、市政规划建设用地，分别统计其面积，在图中用文字和不同颜色的填充线进行区分标示。

（4）制作勘测定界图。

根据处理好的套合结果制作勘测定界图。图中标注面积等文字说明、图例、四至等信息，并制作界址点成果表、宗地图。

3. 成果清单

（1）勘测定界图；

（2）界址点成果表；

（3）宗地图；

（4）坐标串；

（5）不动产权籍调查表；

（6）土地勘测定界技术报告；

（7）现场勘查确认表。

4. 注意事项

（1）收储面积与证载面积尽量一致。

收储是根据已供地范围或土地证证载范围进行的收储。对于有矢量范围的地块，在对地块进行全部收储的情况下，收储面积与证载面积完全一致；对于老土地证没有矢量数据的地块，由于当时测量精度不高的原因导致证载面积与实测面积不一致的，以实测为准。

（2）与周边宗地结合。

根据周边宗地范围调整该用地范围，保证用地范围与周边宗地无缝衔接。

（3）区分被收储用地规划用途。

不同规划用途的土地在补偿标准或使用方式上不一样，在进行勘测定界时需要区分项目规划建设用地、市政规划建设用地等。

（4）界址点生成顺序。

在区分被收储用地规划用途后，被收储用地被划分为多个地块，在生成界址点时先生成被收储用地整个大地块的界址点，再分别生成内部小地块的界址点，即“先外圈再内圈”。

（5）宗地图、不动产权籍调查表制作范围。

制作宗地图时，只制作整个被收储的大地块的范围，不需要把内部小地块表示出来。不动产权籍调查表制作范围与宗地图一致。

2.3.4　土地供地类

供地的形式分为三种：“招拍挂”出让、划拨以及协议出让。

1. 准备资料

（1）用地范围或规划条件附图；

（2）地形图；

（3）用地范围周边的供地数据、征地数据、收储数据；

（4）土地确权数据；

（5）所涉及征地批次的征地勘测定界图。

2. 内业处理

内业处理的重点是处理范围线、确定用地范围四至以及分析用地范围内的土地来源。

（1）处理范围线。

根据规划条件附图提取大致的用地范围，将用地范围与周边的征地、供地、收储数据进行叠加。通过叠加，一是确认该用地范围内的土地是否全部是国有净地，即已经被征收或收储但未供地。如有未征收或已经供地的地块，需先进行征地、收储或调整用地范围。二是分析该用地范围的供地、征地情况，如果用地范围和周围的已征土地和已供土地间存在狭小细缝或交叉，应将用地范围线和周围征地、供地线接边，保证无缝衔接。同时，对范围线进行弧线检验和两点之间的距离检验。

（2）确定四至。

根据供地数据、征地数据、土地确权数据分析用地的四至，与土地收储类勘测定界确定四至原则一致。

（3）制作勘测定界图。

根据处理好的用地范围线制作勘测定界图，图中标注用地面积、四至等信息，并制作界址点成果表和宗地图。

（4）制作土地来源叠加分析示意图。

土地来源叠加分析示意图是为了反映用地范围所占各个征地批次或收储信息和地类的情况。需统计用地范围内各个批次或收储的批复名称、总面积以及各个批次的地类名称、地类面积。同时，区分新增建设用地面积和存量土地面积，并单独统计耕地面积。土地共分为三大类，分别为农用地、建设用地、未利用地。

新增建设用地指的是原征地地类为农用地或未利用地的土地，存量土地是指原征地地类为建设用地的土地。土地来源叠加分析示意图中的各项数据是后期用地单位缴纳新增建设用地有偿使用费和耕地占用费的依据。

将用地范围与各个批次的征地勘测定界图分别进行叠加，统计其所占各个批次的地类名称以及地类面积，并区分新增建设用地和存量土地面积，填写土地来源叠加分析表（表 2-2）。在土地来源叠加分析示意图上将不同征地批次的范围用不同颜色或形状的填充线进行填充并用文字进行标示。

表 2-2　×××土地来源叠加分析表

测量单位：（盖章）　　熟化主体单位：（盖章）　　单位：m^2

序号	土地来源属性	权属单位	批次号	出让面积	新增建设用地面积					存量土地面积	图例颜色
						农用地			未利用地	建设用地	
							其中耕地				
1	集体土地征收		×××								
2	国有土地收储		×××								
合计											

测量单位填表人：　　测量单位审核人：　　熟化主体经办人：　　日期：　　年　　月

3. 成果清单

（1）勘测定界图；

（2）界址点成果表；

（3）宗地图；

（4）坐标串；

（5）不动产权籍调查表；

（6）土地勘测定界技术报告；

（7）土地来源叠加分析表；

（8）土地来源叠加分析示意图；

（9）现场勘查确认表。

4. 注意事项

（1）收集土地征收、收储资料。

在制作图件前，收集用地范围内征地或收储的资料，包括当时征地或收储的勘测定界图、批复文号、项目名称等，以便于后期制作土地来源叠加分析示意图时统计各批次以及各地类面积。

（2）区分新增、存量土地及确定地类。

土地来源叠加分析示意图需要区分新增用地、存量用地，具体地类要以当时征地勘测定界图上的地类为依据，不能随意按照某一年的土地利用现状数据的地类确定。

（3）与周边已供地结合。

根据周边已供地范围调整该用地范围，保证用地范围与周边已供地无缝衔接。

（4）勘测定界图名问题。

除划拨用地外，图名不要体现单位名称。在这个阶段还没有和用地单位签订土地成交确认书，所以土地使用权还不属于某个单位，图名不能体现单位名称，建议以规划条件附图上的名称进行命名。

（5）界址点生成顺序。

若用地范围既有净用地又有市政代征用地，在生成界址点时，先生成内部的净用地，再生成外部的市政代征用地，即“先内圈再外圈”（与土地收储类勘测定界恰好相反）。

（6）宗地图、不动产权籍调查表制作范围。

制作宗地图时，只用制作内部净用地范围，不需要把外部的市政代征用地标示出来。不动产权籍调查表制作范围与宗地图一致。

2.3.5　土地办证类

土地办证类勘测定界包含的情况较多，主要有办理新土地证、土地证更名、变更用地性质、土地证核减、土地证注销等。

办理新土地证指在签订国有建设用地使用权出让合同（或国有建设用地划拨决定书）后，项目用地单位需缴纳国有建设用地使用权出让金（划拨地不需要）、其他各项税费，经县级以上人民政府批准后，核发新的土地证；土地证更名、变更用地性质是指土地权利人名称或土地用途等内容发生变更，需更换土地证；土地证核减是指原土地证证载范围内的部分土地被收储，针对剩余用地进行办证。土地证注销是指原土地证证载范围内土地被依法收回，需办理注销登记。

1. 准备资料

（1）办理新土地证。

国有建设用地使用权出让合同（或国有建设用地划拨决定书）；该地块的供地成果资料（勘测定界图、宗地图等）。

（2）土地证更名、变更用地性质、土地证注销。

国有土地使用证；原土地证的宗地图或坐标串；供地数据；旧的权属资料、

地形图等。

（3）土地证核减。

国有土地使用证；原土地证的宗地图或坐标串；供地数据；旧的权属资料、地形图等；已收储资料。

2. 内业处理

（1）办理新土地证。

办理新土地证的勘测定界相对于其他类型的勘测定界来说较为简单，成果与供地成果资料几乎一致，可以直接利用当时供地的资料。

（2）土地证更名、变更用地性质、土地证注销。

该类型的勘测定界分为两种情况：一是土地证证载范围有矢量数据或坐标，可直接根据矢量数据或坐标进行勘界；二是土地证年代久远，没有矢量坐标，需要进行现场指界外业测量或根据旧的权属资料、地形图推断其证载范围。

（3）土地证核减。

收集土地证证载范围内的已收储资料，将已收储范围去除，根据去除后的剩余用地范围线制作勘测定界图。图中标注用地面积、四至等信息，并用填充线标示已收储用地范围。

3. 成果清单

（1）勘测定界图；

（2）界址点成果表；

（3）宗地图；

（4）坐标串；

（5）不动产权籍调查表（仅土地证核减需要）；

（6）土地勘测定界技术报告；

（7）现场勘查确认表（仅土地证核减需要）；

（8）单位资质证明、测绘人员作业证复印件加盖公章（办理新土地证、土地证更名、变更用地性质需要）。

4. 注意事项

（1）范围和面积一致。

需注意的是，制作办理新土地证的勘测定界和制作供地勘测定界尽量选取同一家测绘单位，以做好成果的延续，避免范围和面积不一致。

对于年代久远，没有矢量坐标的土地证，现场实测或推断的面积应与证载面积一致。

（2）宗地图、不动产权籍调查表制作范围。

土地证核减类勘测定界制作宗地图时，只用制作剩余用地的范围，不动产权籍调查表制作范围与宗地图一致。

（3）证件使用。

提供单位资质证明、测绘人员作业证复印件加盖公章时，建议在证件上标注“仅限于×××项目办理土地证使用，再次复印无效”。

第 3 章　不动产测绘

本章主要结合不动产登记部门对不动产测绘成果的技术标准和数据要求，根据实际工作经验，重点对不动产测绘的房产图测绘、面积量算以及变更测量各作业流程、操作程序进行介绍。

3.1 概　　述

3.1.1 不动产测绘的概念

不动产（俗称房地产）是指具有权属性质的地块和其上建筑物的总称。不动产与地籍有非常密切的关系。不动产测绘一般称地籍测绘。“地籍”一词的原意为“国家为征收土地税而建立的土地登记簿册”，它的严格定义是：对国家监管的、以权属为核心、以地块为基础的土地及其附属物的权属、位置、数量、质量和利用现状等用数据、图表表示的基本信息的集合。地籍有地理性功能、经济功能、产权保护功能、土地利用规划和管理功能、决策与管理功能。

3.1.2 不动产测绘的内容

不动产测绘主要包括地籍调查、地籍测绘、房产图测绘、面积量算以及变更测量等内容。

3.1.3 不动产项目测绘流程

不动产项目测绘业务由于其工作特性，一个项目的成功实施主要包括 6 个相互衔接的过程，即：项目委托受理→作业调度分配→作业实施→成果质量检查→成果输出→成果交付与资料归档。

3.1.4 房产测绘受理所需资料清单

（1）土地使用权证明文件（土地使用证及附件）；

（2）建设工程规划许可证、经济指标书及施工图建筑面积审核表复印件；

（3）备案的建筑施工图及变更后施工图（纸图及相应电子版文件）；

（4）防空地下室建设许可证或防空地下室易地建设许可证；

（5）人防办审批的人防设计施工图纸；

（6）建设单位及设计单位盖章确认的“设备用房、管理用房、物业用房、其他公共用房以及设备井、风井、烟道”等共有部分设计用途及使用情况说明；

（7）房屋坐落证明材料；

（8）不动产测绘工作中需要的其他相关资料。

3.1.5　基础（宗地）测绘受理所需资料清单

（1）土地使用权证明文件（土地使用证及附件）；

（2）土地勘测定界图及界址点成果表；

（3）规划审批的建筑总平面定位图；

（4）规划放线测量成果。

3.2　控制测量

1. 精度等级

平面控制点的等级应不低于《城市测量规范》（CJJ/T 8—2011）中三级的要求，高程控制测量应满足图根级的要求。控制点可不埋石。

2. 技术方法

平面控制测量宜优先采用卫星定位动态测量方法，不具备条件的地方，可采用导线测量等方法进行布设；高程控制测量宜优先采用卫星定位动态测量方法，不具备条件的地方，可采用水准测量或电磁波测距三角高程测量方法。

采用卫星定位动态测量方法进行控制点测量，具体技术要求及作业方法参考第1章的1.3.2节；采用导线测量方法测量平面控制点，具体技术要求应符合《城市测量规范》（CJJ/T 8—2011）第4.4节有关导线测量的相关规定；采用水准测量或电磁波测距三角高程测量方法进行图根控制点测量，具体技术要求及作业方法参考第1章的1.3.4节。

3.3　基础（宗地）测绘

3.3.1　基础（宗地）要素测量

1. 基础（宗地）要素测量参考资料

（1）土地使用权证明文件（土地使用证及附件）；

（2）土地勘测定界图及界址点成果表；

（3）规划审批的建筑总平面定位图；

（4）规划放线测量成果。

2. 基础（宗地）要素测量的基本内容

基础测绘主要是进行“房产要素以及与房产有关的地形要素”的测定，主要包括房屋及其附属设施、界标围护物、房角点、界址点、与房产管理有关的地形要素的测定，房地产要素与房产编号、地理名称注记的调查填写等。其具体内容如下：

（1）本宗地的不动产单元号（地号），使用权类型，土地使用权人，使用年限（终止日期），地类（用途），使用权面积等；

（2）宗地内本项目自然幢的平面位置坐标及坐标表；

（3）紧靠宗地的道路、河流、村庄等名称；

（4）宗地内的建筑物、构筑物等附着物的相对位置关系。

3.3.2 基础（宗地）测绘成果数据处理

1. 不动产登记基础测绘内业数据整理

（1）一律采用计算机绘制，所有线划、文字、数字符号要清晰易读；

（2）宗地图图幅规格根据宗地的大小选取，界址点用 1.0mm 直径的圆圈表示，界址线粗 0.3mm，用红色表示；

（3）不动产登记基础（宗地）测绘数据格式采用空间 GIS 数据格式：shp 文件数据库格式，ArcView 空间数据格式（包含 *.shp、 *.shx、 *.dbf）。

2. 不动产登记基础测绘数据内容

（1）宗地：测绘成果包含图形和界址点的 shp 文件。宗地数据文件格式如图 3-1所示。

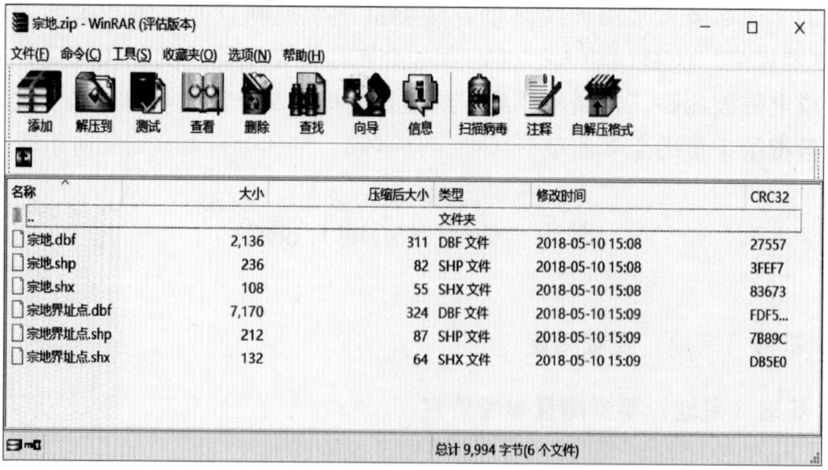

图 3-1　宗地数据文件格式

（2）自然幢：测绘成果包含图形的 shp 文件。自然幢数据文件格式如图 3-2 所示。

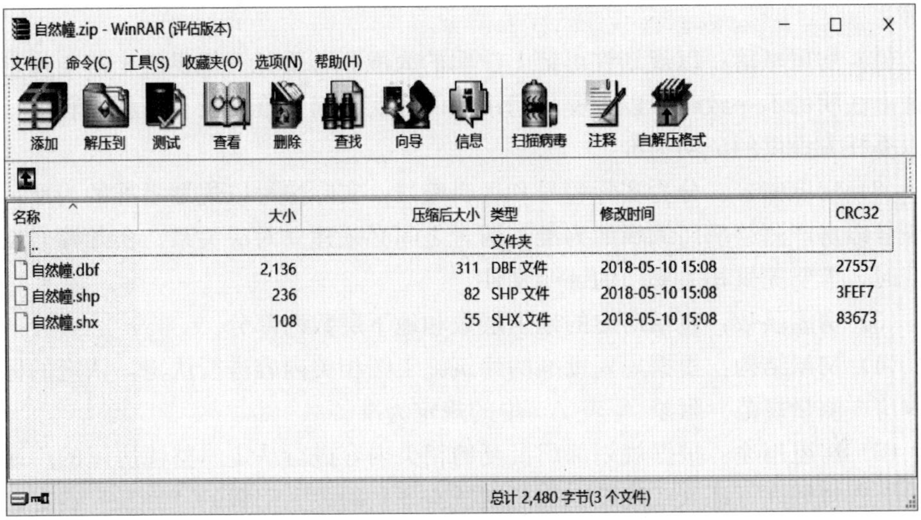

图 3-2　自然幢数据文件格式

3.4　房产项目测绘

房产项目测绘工作的日的是获取房屋楼幢的分层分户平面图及各个房屋基本单元的面积。主要是利用测绘工具和测绘技术手段，按照房产测绘技术规范要求采集房屋内各房屋基本单元和共有部位的边长或点的相关数据，并对这些数据进行处理，从而获得各房屋基本单元的面积、用途和房屋分层分户平面图的活动。房产项目测绘工作主要包括数据采集与整理、房屋面积测算、共有建筑面积分摊计算和房屋分层分户平面图绘制四方面的内容。根据测绘数据采集来源的不同，项目测绘又分为房产项目预测绘和房产项目实测绘两种不同的工作，主要区别在于测绘数据的采集来源和测绘成果的用途不同，具体差别如表 3-1 所示。

表 3-1　房产项目预测绘和实测绘的区别

项目测绘类别	数据采集来源	测绘成果用途
预测绘	规划审批的设计施工图纸	办理商品房预售许可、商品房预售、在建工程抵押等
实测绘	竣工后的现状房屋	房屋权属登记、交易、拆迁安置、税费征收等

3.4.1　房屋信息调查

房屋信息调查的内容主要包括房屋坐落（指房屋所在行政区、街路名称及门牌号、小区名称、房屋幢号及建筑物名称）、房屋层数、房屋产别、建筑结构、房屋用途、房屋建成年份、开发单位名称、房屋基本单元、各基本单元户（室）号等。

（1）房屋坐落：以规划许可证上注明的为准；若委托方提供的坐落与规划许可证上注明的不一致时，以公安部门出具的证明材料为准，没有证明材料的，可暂以委托方提供的证明为准。

（2）房屋幢号：分为实际幢号和逻辑幢号。实际幢号以规划批准的为准，逻辑幢号以房产测绘部门编辑的为准，两者之间必须建立对应关系。实际幢号发生改变时，需要提供相关部门的证明文件。

（3）房屋层数：包括房屋的地上层数和地下层数两部分。

（4）房屋结构：根据规划批准的建筑施工图相关内容进行认定，认定的标准以《房产测量规范》附录 A 表 A5 中的规定为准。

（5）房屋用途：根据规划部门批复的相关内容进行认定。整幢房屋的用途按建设工程规划许可证（或建设工程规划核实证）附表上记载的“性质”确定；多产权房屋各基本单元的房屋用途，按规划审批的建筑设计施工图纸中标注的使用功能确定。

（6）房屋建成年份：以竣工验收的时间为准，只表示年代。

（7）开发单位名称：以规划许可证上注明的单位为准。

（8）房屋基本单元：也称房屋产权单元，以规划审批的建筑设计施工图纸中划分的单元为准；发生变更的，需提供规划批准的设计变更平面图，且与实地一致。

3.4.2 房产测绘数据采集

1. 预测绘数据采集

绘图人员依据技术规范，按照图纸内容进行数据采集，完成尺寸绘制。绘图过程中按照“先整体、后细部”的原则。首先将当前层的外墙、楼梯、电梯和户与户之间的权属界线绘出，保证尺寸闭合、户室分割正确，其次绘制户内分割墙、阳台、管井等；最后标注入户门和单元号。绘制时重点注意以下问题：

（1）同一层四至外墙变化情况及不同层墙厚的变化（重点注意地下室、一层、顶层、假层等非标准层）；

（2）明确各户室权属界限、各单元之间的尺寸关系，相同户型、相近户型进行仔细绘制并认真检查是否完全一致；

（3）阳台的位置、尺寸、个数、顶盖位置、遮盖范围及各层有无变化；

（4）地下室非承重墙（如 120 墙）的位置、尺寸，配电间或其他公用面积的位置、尺寸有否变化及地下室对应一层阳台的位置是否存在；

（5）顶层（阁楼）楼梯的变化情况、有无退层、老虎窗及不够层高位置确定，注意其与露台的定义和划分；

（6）一层雨篷是否有柱或独立围护，是否有跃层等特殊楼层；

（7）根据该项目预习时发现的项目特点，其他应重点关注的问题；

（8）数据采集过程中发现的新问题及时向项目负责人汇报；

（9）数据采集完成后，按照规划审批图纸认真进行尺寸检查。

2. 实测绘数据采集

现场测量要严格执行“走到、看到、问到、量到、记到”五到原则。现场核对并统计出户型分类、套数，每个户型都要量出总面宽和总进深。具体外业测量时还应注意以下问题：

（1）外业数据采集的草图记录必须在实地完成；

（2）建筑物的边长丈量宜采用钢尺或手持测距仪独立测量两次，两次量距较差的绝对值不应大于 5mm，结果应取用中数；

（3）实际测量的数据应标注在草图的相应位置，当无法标注时，应引至空白处标注清楚；

（4）测量数据应标注在相应层次、相应部位，所记录的数据字头朝向要与图纸上标注尺寸一致，记录要清晰，以便对照检查；

（5）现场逐户测量，注记层高、室内净空边长、墙体厚度，测量数据取位至 0.01m；

（6）对需要特别注意的地方要重点核对，有变更的部位，数据应重点圈记、标注；

（7）要明确记录实际楼号、幢号、所在层次、单元号、层数、户室号或建筑空间名称，标识实际开门处；

（8）边长记录每页最多只记录一层的资料，每层中的不同部位（不同建筑空间）必要时可分多页记录，遇有地下室、复式房、夹层等应另外绘制草图；

（9）应在草图上标注阳台的封闭状况、凸窗的窗台状况、平台的位置及其他特殊部位说明；

（10）实测数据应详细，记录时如需修改不得涂擦，只能划掉重写，确保原始记录的真实性；

（11）汉字字头一律向上、数字字头向上或向左，按概略比例尺分层绘制，绘制指北方向；

（12）测量完毕后，测量人员填写测量日期并在草图上签字确认。

3. 特殊情况处理方法

房屋建筑过程中，施工图纸发生变更的，开发单位应办理相关手续，并及时委托测绘单位进行预测面积变更测量。

3.4.3 房屋面积测算精度要求

（1）房产测绘的面积计算精度等级按《房产测量规范》3.2.6 规定执行。具体采用的等级应根据实际需要来定，一般采用二级即可。

（2）面积测算时，边长以米为单位，最终成果按四舍五入取至 0.01m（偏轴墙体可取至 0.001m）。面积以平方米为单位，最终成果按四舍五入取至0.01m^2。

3.4.4 房屋面积测算

1. 房屋面积测算的内容

房屋面积测算系指水平投影面积测算，包括房屋建筑面积、套内建筑面积、共有建筑面积等的测算。

房屋建筑面积系指房屋外墙（柱）勒脚以上各层的外围水平投影面积之和，包括阳台、挑廊、地下室、室外楼梯等，且具备有顶盖、有围护物、结构牢固、有实际使用功能、层高大于等于 2.20m 的永久性建筑。外围水平投影应包含抹灰层、直接粘贴的面砖和隔热材料等。房屋套内建筑面积由套内房屋的使用面积、套内墙体面积、套内阳台建筑面积三部分组成。房屋共有建筑面积系指各产权主共同占有或共同使用的建筑面积。

这里规定了计算房屋建筑面积的各个基本要素——有顶盖、有围护物、结构牢固、有实际使用功能、层高大于等于 2.20m、永久性建筑，6 个条件缺一不可。例如，建筑物顶层的装饰性塔楼，虽然具备了其他要素，但是不具有实际使用功能，因此不计算建筑面积；外墙面的干挂石材等装饰性材料不属于直接粘贴部分，不计算建筑面积。

房屋套内建筑面积包含本套专用的楼梯、电梯、门斗雨篷、门廊外廊、阳台等从属于本套的房屋附属设施的建筑面积。

2. 计算全部建筑面积的范围

（1）永久性结构的单层房屋，按一层计算建筑面积；多层房屋按各层建筑面积的总和计算。

（2）房屋内的夹层、插层、技术层及其楼梯间、电梯间等，其高度在 2.20m 以上部位（含 2.20m，下同）计算建筑面积。

（3）穿过房屋的通道，房屋内的门厅、大厅，均按一层计算面积。门厅、大厅内的回廊部分，层高在 2.20m 以上的，按其水平投影面积计算。

（4）楼梯间、电梯（含观光梯）井、提物井、垃圾道、管道井、通风井、排气井等均按房屋自然层计算面积。

（5）房屋天面上，属永久性建筑，层高在 2.20m 以上的楼梯间、水箱间、电梯机房、设备用房及其附属用房、以及有明确使用功能的其他房屋，斜屋面房屋高度在 2.20m 以上的部位，按其外围水平投影面积计算。

（6）挑楼、封闭的挑廊、封闭的阳台按其外围水平投影面积计算。

（7）属永久性结构有顶盖的室外楼梯，按各层水平投影面积计算。

（8）与房屋相连的有柱走廊，两房屋间有顶盖和柱的走廊，均按其柱的外围水平投影面积计算。

（9）房屋间属永久性的封闭的架空通廊，按其外围水平投影面积计算。

（10）地下室、半地下室及其相应出入口，层高在 2.20m 以上的，按其外墙（不包括采光井、防潮层及保护墙）外围水平投影面积计算。

（11）有柱或有围护结构的门廊、门斗，按其柱或围护结构的外围水平投影面积计算。

（12）玻璃幕墙、金属幕墙及其他材料幕墙等作为房屋外墙的，按其外围水平投影面积计算。各楼层墙体厚度不同时，分层分别计算。

（13）属永久性建筑有柱的车棚、货棚等，按柱的外围水平投影面积计算。

（14）架空层中有围护且规划设计有明确使用功能的空间，按其高度在 2.20m 以上部位的外围水平投影面积计算。

（15）与室内任意一边相通，具备房屋的一般条件，并能正常利用的伸缩缝、沉降缝，计算建筑面积。

（16）房屋内的立体书库、立体仓库、立体停车库，若没有结构层、仅以机械设备划分为若干层次的，无论其高度和层数多少，均按单层计算建筑面积。

（17）室内体育馆、杂技演艺厅等按实际层数计算建筑面积。体育馆（场）、杂技演艺厅等看台下方空间加以利用的，按其层高在 2.20m 及以上部位的外围水平投影面积计算（多层的按多层计算）。

（18）房屋内的大厅及其外墙，不论其高度跨越多少层，均按一层计算建筑面积。

（19）阳台、挑廊、架空通廊的外围水平投影超过其底板外沿的，按底板水平投影面积计算。

（20）含有倾斜、弧状等非垂直墙体的房屋，按其层高（高度）在 2.20m 及以上部位的外围水平投影面积计算。房屋墙体向外倾斜超出底板外沿的，按底板水平投影面积计算。

（21）层高在 2.20m 以上的设备层（技术层）、结构转换层、避难层等，按其柱或围护结构外围水平投影面积计算。

（22）房屋的内走廊无论两端是否封闭，均计算全部建筑面积。

3. 计算一半建筑面积的范围

（1）与房屋相连有顶盖无柱且未封闭的走廊、檐廊，按其围护结构外围水平投影面积的一半计算。

（2）独立柱、单排柱的门廊、车棚、货棚等属永久性建筑的，按其顶盖水平投影面积的一半计算。

（3）未封闭的阳台、挑廊，按其围护结构外围水平投影面积的一半计算。

（4）无顶盖的室外楼梯，按各层水平投影面积的一半计算。

（5）有顶盖不封闭的永久性的架空通廊，按其外围水平投影面积的一半计算。

4. 不计算建筑面积的范围

（1）层高小于 2.20m 的夹层、插层、技术层，以及层高小于 2.20m 的地下室、半地下室等。

（2）凸出房屋墙面的构件、配件、装饰柱、装饰性的幕墙、垛、勒脚、台阶、无柱雨篷等，以及为建筑造型需要而设计建造的无实用功能的装饰性建筑空间。

（3）房屋之间无顶盖的架空通廊等。

（4）房屋的天面、挑台、露台、天面上的花园、泳池以及用作公共休息或观光的廊、亭。

（5）建筑物内的操作平台、上料平台，以及利用建筑物的空间安置箱、罐的平台。

（6）骑楼、过街楼、临街楼房、挑廊下的底层用作公共道路街巷通行的部分（无论其是否有柱、是否有围护结构）。

（7）利用引桥、高架路、高架桥、桥面、路面作为顶盖建造的房屋。

（8）活动房屋、临时房屋、简易房屋。

（9）独立的烟囱、亭、廊、塔、罐、池和地下人防干线、支线等。

（10）与房屋室内不相通的伸缩缝、沉降缝。

（11）穿过夹层（插层）、技术层（设备层），但与之不相通的楼梯间、电梯间、垃圾道、管道井等。

（12）检修、消防等用途的室外爬梯。

（13）室外台阶、走廊外的台阶踏步、底层室内楼梯延伸出室外无顶盖和围护部分。

（14）与室内不相通的类似阳台、挑廊、檐廊等的建筑空间。

（15）雨篷、未封闭的阳台、挑廊、入户花园、外走廊、檐廊、架空通廊等，其顶盖至底板的距离为两个自然层高度及以上的，或者其顶盖在围护结构内水平连续投影面积小于其二分之一的。

3.4.5　房产项目测绘成果数据处理

1. 不动产登记房产项目测绘内业数据整理

（1）对“共用部位的使用情况和服务范围”进行确认和认证、对最小权属单元进行确认和认证（委托方已提供），确保作业员对房屋各部分的设计用途、权属范围以及共用部位的服务范围清楚明了。

（2）检查整理外业记录，确保房产调查数据、外业测量数据完整无误。

（3）进行功能区分类与分摊区的划分，确定共有面积分摊方法。功能区的分类要按照设计用途来划分（主要分为以下几类：商业类、住宅类、车库类、储藏室类、办公类、公用事业类）。

（4）测绘数据格式采用空间 GIS 数据格式。

2. 不动产登记房产项目测绘数据内容

不动产登记项目测绘数据内容包括不动产单元自然幢数据、分户不动产单元数据、分摊数据、分层分户图数据和其他数据，应以独立分摊的自然幢不动产单元为单位进行组织。

3. 不动产登记房产项目测绘数据要素分类与编码

根据分类编码通用原则和项目测绘的实际，可将不动产登记项目测绘数据要素划分为点、线、面和文本四大类，然后针对每种要素分别附上不同的编码。

3.5　变更测绘

3.5.1　变更测量的分类

变更测量分为现状变更测量和权属变更测量。

3.5.2　变更测量的内容

1. 现状变更测量内容

（1）房屋的新建、拆迁、改建、扩建、房屋建筑结构、层数的变化；

（2）房屋的损坏与灭失，包括全部拆除或部分拆除、倒塌和烧毁；

（3）房屋坐落（地名、门牌号）的更改；

（4）房屋及其用地分类面积的增减变化。

2. 权属变更测量内容

(1) 房屋买卖、交换、继承、分割、赠与、兼并等引起的权属的转移；

(2) 土地使用权界的调整，包括合并、分割、塌没和截弯取直；

(3) 征拨、出让、转让土地而引起的土地权属界线的变化；

(4) 房屋他项权利范围的变化和注销。

3.5.3 变更测量的程序

变更测量应根据房地产变更资料，先进行房地产要素调查，包括现状、权属和界址调查，再进行分户权界和面积的测定，调整有关的房地产编码，最后进行房地产资料的修正。其主要程序如下：

(1) 变更测量根据现有变更资料，确定变更范围。

(2) 房地产的合并和分割，进行权属变更测量，应根据变更登记文件，在当事人或关系人到现场界址下，实地测定变更后的房地产界址和面积。

(3) 对《房屋分层分户平面图》做相应的增减变动。

(4) 涉及房屋分割、合并的变更测绘，应由当事人提出申请，并由登记部门作出允许房屋分割、合并的意见后，再进行变更测绘。

(5) 涉及地名、门牌号更改的变更测绘，由当事人持有关证明向原测绘部门提出申请，由原测绘部门进行变更测绘。

(6) 测绘成果变更时，若原基本单元已不存在，其户室号不可以再次使用；新增的基本单元户室号应从原测绘成果最大户室号顺延。

第 4 章　建设工程竣工规划测量

城市建设工程竣工规划测量（又称为规划监督验收测量）是面向城乡规划管理规划核实工作相关技术要求开展的规划测绘技术服务，也可为城市基础地理信息数据生产和增量更新提供支持。本章主要以济南市开展建设工程规划竣工测量的实际经验为基础，系统地阐述整个竣工规划测量工作的要点、内容、流程以及成果等要求，有很强的实际指导性，可以为其他城市开展建设工程竣工规划测量工作提供参考。

4.1　概　　述

4.1.1　建设工程规划核实的内容

建设工程规划核实的内容主要包括以下几个方面：

（1）建筑物的平面位置、高度、形状、性质、层次、层高、室内外地坪标高、立面造型、间距（包括建筑物间、与原有建筑间、与四周规划界线间等的间距）等按《建设工程规划许可证》及其附图、附件实施建设的状况；

（2）建筑物面积、容积率等按《建设工程规划许可证》及其附图、附件实施建设的状况；

（3）内部道路、绿化、停车位、各类管线、环卫设施等配套设施按《建设工程规划许可证》及其附图、附件实施建设的状况；

（4）规定拆除的建筑物和临时建筑及设施的拆除状况及道路路面清理、工地清场状况；

（5）城市规划部门确定的其他相关内容。

4.1.2　竣工核实进场条件

竣工规划测量一般应在建设工程规划许可审批的地上、地下建（构）筑物，内部道路，绿化及停车位等工程竣工后，经规划主管部门认可现场建设状态后进场施测。建筑物工程达到竣工核实条件，一般应满足以下几个方面的要求：

（1）建筑物外立面、室内外地坪、配套公建及市政工程已完成；

（2）围墙已建成；

（3）地上、地下车位已划分；

（4）内部道路已形成，用地范围内应拆除的建筑物或者临时设施已拆除；

（5）小区内绿化、景观等基本完成。

4.1.3 应收集的相关资料

接受建设单位的委托、开始外业竣工规划测量前，为方便外业生产，了解项目特点，为作业提供参考依据，应向建设单位收集的主要资料如下：

（1）建设工程规划许可证及经济指标书（复印件）；

（2）建设工程施工图规划备案证明；

（3）规划方案图（复印件）；

（4）规划方案图电子版；

（5）盖备案章的施工总平面图、坐标定位图复印件及其电子版；

（6）盖备案章的成册图纸；

（7）单体建筑施工图（含建筑说明、平、立、剖等）电子版；

（8）勘测定界图电子版；

（9）建设工程施工变更资料；

（10）房产预测绘报告。

4.1.4 建筑物竣工规划测量内容

（1）控制测量；

（2）平面位置测量；

（3）高程及高度测量；

（4）面积测量及计算；

（5）竣工地形图测绘；

（6）竣工建筑内部空间布局量测；

（7）规划主管部门规定的其他核实测绘内容（如停车位、配套公共设施建设情况、绿化等）。

4.1.5 地形图测绘范围要求

（1）测量范围宜包括建设区外第一栋建筑物或市政道路或建设区外不小于30m；

（2）建设用地红线外 50m 范围内的地形地物（若遇城市等级道路、高压线应适当扩大范围）；

（3）与竣工建筑物有规划距离要求的周边建筑物。

4.1.6　成果内容及要求

1. 成果内容

建（构）筑物竣工规划测量的成果一般应包括以下主要内容：

（1）竣工规划测量技术报告书；

（2）竣工规划测量成果汇总表；

（3）立面示意图、建筑分层面积；

（4）尺寸面积图；

（5）总平面竣工图。

2. 成果要求

竣工规划测量成果应规定统一的数据格式和图层，并保证成果图纸和电子文档的样式统一。另外，相关成果图宜采用 1：500～1：2000 比例尺，平面坐标系统采用 2000 国家大地坐标系，高程系统采用 1985 国家高程基准。

4.1.7　竣工规划测量流程

竣工规划测量主要包括接受委托、顾客财产验证、编写技术设计、规划竣工测量、编制规划竣工成果等过程。

4.2　控制测量

1. 平面控制测量

按照《城市测量规范》（CJJ/T 8－2011）第 9.2.7、9.3.5 条的规定，平面控制点的等级应不低于三级。

平面控制测量宜优先采用卫星定位动态测量方法，不具备条件的地方，可采用导线测量等方法进行布设。采用卫星定位动态测量方法进行控制点测量，具体技术要求及作业方法参考第 1 章的 1.3.2 节。采用导线测量方法测量平面控制点，具体技术要求应符合《城市测量规范》（CJJ/T 8—2011）第 4.4 节导线测量的相关规定。

直接采用已有控制点测设时，应该检校平面控制点间的角度和边长并记录。控制点的校核限差应符合表 4-1 的规定。边长小于 50m 的，实测边长与条件边长较差应在±20mm 之内。

表 4-1　控制点的校核限差

检测角与条件角较差（″）	实测边长与条件边长较差的相对误差	校核坐标与条件坐标的点位较差（mm）	高差较差（mm）
30	1/4000	50	$\pm 10\sqrt{n}$

注：n 为测站数

2. 高程控制测量

按照《城市测量规范》（CJJ/T 8—2011）第 9.3.6 条的规定，采用水准测量方法时，高程控制测量的水准路线闭合差可按$\pm 10\sqrt{n}$（单位为 mm，n 为测站数）执行。具体技术要求及作业方法参考第 1 章的 1.3.4 节。

采用电磁波测距三角高程测量方法时，线路长度应不大于 4km，测距边边长应不大于 500m。具体技术要求及作业方法参考第 1 章的 1.3.4 节。

4.3　平面位置测量

4.3.1　数据采集及精度要求

1. 数据采集要求

建筑物工程竣工规划测量与普通地形测量的一个重要差别就是需要进行细部点坐标测量，选取的细部点必须是建筑物的特征点，主要包括地上建筑物、地下车库外轮廓主要细部点及要素点，要能基本反映该建筑物的形状以及满足城乡规划主管部门的要求。具体要求如下：

（1）矩形建筑物选取房角点（包括阴角、阳角）、墙面点；

（2）圆形、椭圆形建筑物选取圆心或反算墙面点；

（3）其他特殊形状建筑物选取墙角或特征点。

2. 精度要求

主要地物点相对邻近图根点的点位中误差应不大于±50mm，次要地物点相对邻近图根点的点位中误差应不大于±70mm，地物点间距中误差应不大于±50mm，困难地区地物点相对邻近图根点的点位中误差和地物点间距中误差应不大于±100mm。高程点相对邻近图根点的高程中误差应不大于±40mm。

4.3.2　数据采集方法

细部点坐标宜采用全站仪极坐标法施测，细部点坐标的检核宜采用重复测量、多余观测等方法。

4.3.3　采集数据的内业编辑

细部点坐标测量完成后，依据总平面竣工图中的标注位置及距离将现状建筑物平面位置关系、建筑物退界、退线距离等重新标注在建筑物竣工图上。建筑物竣工图中平面位置关系编制要求如下（应当与规划附图、附表一致）：

（1）图上应标注建筑物的相互间距及建筑物与四周有规划要求的其他建筑、用地红线、规划六线等规划控制线的间距；

（2）应与建设工程规划许可证附图上的特征点设计坐标比较，在竣工图做适当调整；

（3）应标注建筑物的工程名称、层数；

（4）总平面竣工图中规划道路控制线及用地控制线宜用红线表示，规划绿化控制线宜用绿线表示，规划河道控制线宜用蓝线表示，历史街区、历史建筑保护范围线宜用紫线表示；

（5）与竣工建筑物有规划条件关系的现状建筑物要验测规划附图对照位置的平面点位坐标，以解析间距关系。

4.4　高程及高度测量

4.4.1　测量内容、方法及精度要求

1. 测量内容

高度测量及层高测量施测位置应参考施工剖面图、立面图确定，具体测量内容如下：

（1）建筑物高程测量的主要内容包括：室外地坪、室内地坪、顶层女儿墙、屋面结构面、檐口、屋脊及建（构）筑物最高点的标高。

（2）建筑物高度测量的主要内容包括：建筑物各层及特殊楼层应实测净空高，地下车库宜同时测量室内地坪及净空高。

2. 测量方法及限差要求

（1）建筑物室内、室外地坪的标高宜采用水准测量或电磁波测距三角高程测量，两种方法宜从不同的起算点测量两次，且高程较差在±30mm 之内时，高程成果应取用中数，并在竣工图中标注所测概略位置及高程值。室外地坪的高程一般应为建筑物散水坡脚的地面高程。同一建筑物室内地坪有高差的应分别测量。

（2）建筑物楼高是指建筑物檐口或女儿墙顶到室外地坪的相对高度，另外，

为方便比对，一般按设计图纸相关高度标注，楼高以±0 标高或相应一层室内地坪起算。宜采用电磁波测距三角高程、钢尺或手持测距仪实量等方法施测，采用电磁波测距三角高程时应变换仪器高或觇标高测两次，两次测量值的较差在±100mm时，成果应取用平均值。

（3）对于平面屋顶的建筑物，应测量屋顶楼面到室外地坪的相对高度；有女儿墙的，还应测量女儿墙顶到室外地坪的相对高度和女儿墙顶到屋顶楼面的相对高度。

（4）对于坡屋面或其他曲面屋顶的建筑物，应测量建筑物外墙与屋面板交点至室外地坪的高度。如果建设工程规划许可证附件要求测出最高点高度，应按要求测量。

（5）凸出屋面的水箱间、电梯间应实测高度。

（6）阶梯式建筑要测出各楼层的高度，各楼层都要标出分段高差和整体高度，并应在立面图中分段标注。

（7）为了便于规划核实，层高测量的位置应参考竣工剖面图，并与剖面图的各地面、楼面、屋顶结构面对应。

4.4.2 内业编辑

为了便于规划核实，建筑物高度测量的位置与高度测量略图的绘制应参考竣工立面图，并与竣工立面图的各檐口位置对应。高度测量的最主要作用是核实高度对日照的影响，因此，高度测量略图的绘制应结合北立面图、东立面图等影响日照的立面图绘制。建筑物四周楼高、檐口相同的，绘制一个立面图即可。四周楼高、檐口不同的，可根据规划部门的要求加绘其他立面图。层高测量略图也应参考竣工剖面图，并与剖面图的各地面、楼面、屋顶结构面对应，并标注与竣工剖面相对应的剖面编号。同一楼层层高不同时，应加绘其他立面图。测量一般取得绝对高程值，而建筑施工图一般为相对于±0 层的比高值，因此，高度测量略图应同时标注比高和高程值。±0 位置需绘出，并标注高程，±0 位置以下的加“—”标注。

4.5 面积测量及计算

4.5.1 测量方法及精度要求

建（构）筑物外轮廓测量主要是为建筑面积计算服务，其施测位置包括需计算建筑面积部分的轮廓线位置，主要是房屋外墙（柱）勒脚以上各层外围水平投影位置。架空层是指底层架空作为绿化或公共活动空间，只有承重墙和承重柱，无墙体。单体形状可参考上层墙体的投影位置。坡屋顶和场馆看台等斜坡状建筑，有净高低于2.1m、净高大于2.1m的区分，面积计算不同。因此，净高2.1m分界线需测出。同一层建筑内部有住宅、商铺等不同功能区的，分隔处的墙体一般按墙中线分隔。

建筑物的边长丈量宜采用钢尺或手持测距仪独立测量两次，结果应取用平均值；采用同一钢尺两次测量时，边长不大于10m的较差相对误差应小于1/1000，边长大于10m的较差相对误差应小于1/2000；采用手持测距仪、全站仪测量时，一测回两次读数较差应不大于5mm。

采用钢尺或手持测距仪无法准确测量时，可采用坐标解析法施测建筑物各主要角点，并宜通过一站测量完成。需要在多个测站测量时，使用仪器的测角精度不应低于7″，测距标称精度中的固定误差应不大于5mm，比例误差系数应不大于3mm/km。

4.5.2　面积计算

测量完成后，应核查建筑物中的设备层、夹层、暗层、地下层、阳台、室内花园、卫生间、楼顶等隐蔽地方。充分收集建筑施工变更资料，对应设计图纸现场应全面查看布局变更，将变更内容实际量测并与面积测算过程紧密联系。

面积计算前，应对房屋的边长进行校核，各尺寸之间应没有矛盾。整幢房屋的外框边长和套内轴线边长应满足其几何图形构成的边长闭合几何关系，分段量测边长之和与总边长应一致，对多余观测引起的边长较差，应进行配赋处理后，再进行计算。当测量边长扣除抹灰和装饰厚度后与设计边长的较差的绝对值在（$0.028m+0.0014\times D$）之内（D为边长，单位为“m”）或城市规划主管部门规定的条件时，可按设计边长计算。

面积测算应按建设工程规划许可证及附图、附件的有关内容进行分类测算，宜包括建设工程总建筑面积、分栋建筑面积和每栋分层建筑面积，并应注明建筑功能。建筑面积测量应符合现行国家标准《建筑工程建筑面积计算规范》（GB/T 50353—2013）的相关规定及城乡规划主管部门的规定，绘制面积图还要注意明确计算全部建筑面积的范围线、计算一半建筑面积的范围线、不计算建筑面积的范围线。

注记信息应分层汇总建筑规模、各部分面积、计算建筑面积部分的边长，功能或名称、数据计算过程及其他必要的注记信息，数据注记精度保留小数点后两位。

4.6 规划变更核实及相关问题处理方法

规划变更核实主要包括高程高度变更、总平面图变更、内部布局变更、外立面变更等。规划变更核实的工作图依据是规划批准的设计图纸，工作开展前应确定规划批准的设计图纸。布局变更核实时应全面查看和重点测量，工作过程应与建筑面积计算紧密联系，对影响到建筑面积计算的布局变更应测量准确数据并保留草图或影像资料。变更情况应与工程的变更图或变更单进行必要的对照和验证，并制作变更比对图。变更比对图包含规划布局图和现状布局图，应对变更区域重点圈出突出表现并加以文字说明。

规划变更核实中相关问题的处理主要是对新增建筑、占压规划控制线、问题汇总的编写、相关技术问题的处理原则等几个方面进行重点介绍。

4.6.1 高程、高度变更

1. 室内坪、室外坪变更

主要是实测一层室内坪（±0.00）、室外坪标高比规划一层室内坪(±0.00)、室外坪标高抬高（或降低），有以下 3 种情况：

（1）道路或室外（小院内）标高是否抬高（或降低）；

（2）单元入口是否增加台阶或台阶阶数增加（影响消防车道宽度的可能性）；

（3）地下车库、地下室标高是否有变更，是否增加地下室层数（架空层）或车库通道等。

2. 层高变更

应重点核查地下车库、地下室、公建及商业的层高与规划层高的差别，对于标准层可随机抽取 2～3 层进行核实。

3. 楼高变更

根据核实的室内坪、室外坪及层高情况，再根据核实的女儿墙的高度以及实测的楼高数据，即能够分析出竣工建筑的楼高变更情况。

4.6.2 总平面图变更

1. 小区出入口位置变更情况

建设单位在施工过程中，对项目规划设计的出入口存在数量增减及位置改变的情况。

2. 小区内部道路调整情况（消防车道）

由于主入口位置的变更或建设单位对项目内部道路的优化，可引起内部道路的增加、减少及位置变更。

3. 地上停车位的变更情况

建设单位对项目内部道路及地上停车位进行优化，由此可引起地上停车位数量增减及位置改变。

4. 规划建筑位置偏移与日照间距变化

规划建筑位置偏移与日照间距变化是指建筑物日照间距及相关距离标注与规划设计图纸的差异，可通过实测的建筑物轮廓与前期的规划放线图比对，发现现场规划建筑位置偏移与日照间距变化的情况。

4.6.3　内部布局变更

1. 地下储藏室局部尺寸变更

地下储藏室内部变更较明显的地方，实测过程中易于发现，如内部增加、减少隔墙，储藏室门、窗户位置的变化等。但是，储藏室内部长宽尺寸增加或减少 0.10～0.50m，往往是我们容易忽视的地方。在图 4-1 中，楼梯间西侧储藏室外扩 0.85m，楼梯间东侧储藏室外扩 0.30m，如果我们仅量取部分尺寸进行校核，未进行全部尺寸量取，我们便很难发现此类问题，但房产测量阶段问题便会暴露出来。解决此类问题可以通过储藏室内部量测与外轮廓巡视相结合，尤其是针对个别房间门打不开，未进入房间的量的位置；让建设单位提供变更图纸及房产测量发现的问题；在地下车库内利用仪器实地测量地下室外墙角点等方法。

2. 地下车库配套用房变更

地下车库配套用房的变更常见的有以下几种情况：

（1）地下换热（供热）站、地下变电室位置及尺寸变更情况；

（2）地下中水站位置变更情况；

（3）功能用房因相关职能部门要求取消、易地建设或就近利用相关市政设施的情况。

3. 地下停车位变更

（1）单层停车位：由于施工方对地下车库内停车位重新优化、增加或减少配套用房、人防设施等原因，导致地下停车位的个数或位置会发生改变。

（2）立体停车位：地下车库内规划设计为立体停车，有个别建设单位将立体停车改为单层停车或立体停车区域与单层停车区域位置互换，或者现场未建设立体车位，但现场布局条件已无法再行建设。

4. 地上配套公建内部变更

（1）内部布局变更：在进行房间布局量测时，应着重注意配套公建（物业用房、文化活动站、副食品市场、治安联防站、居委会、卫生站、公厕及配套商

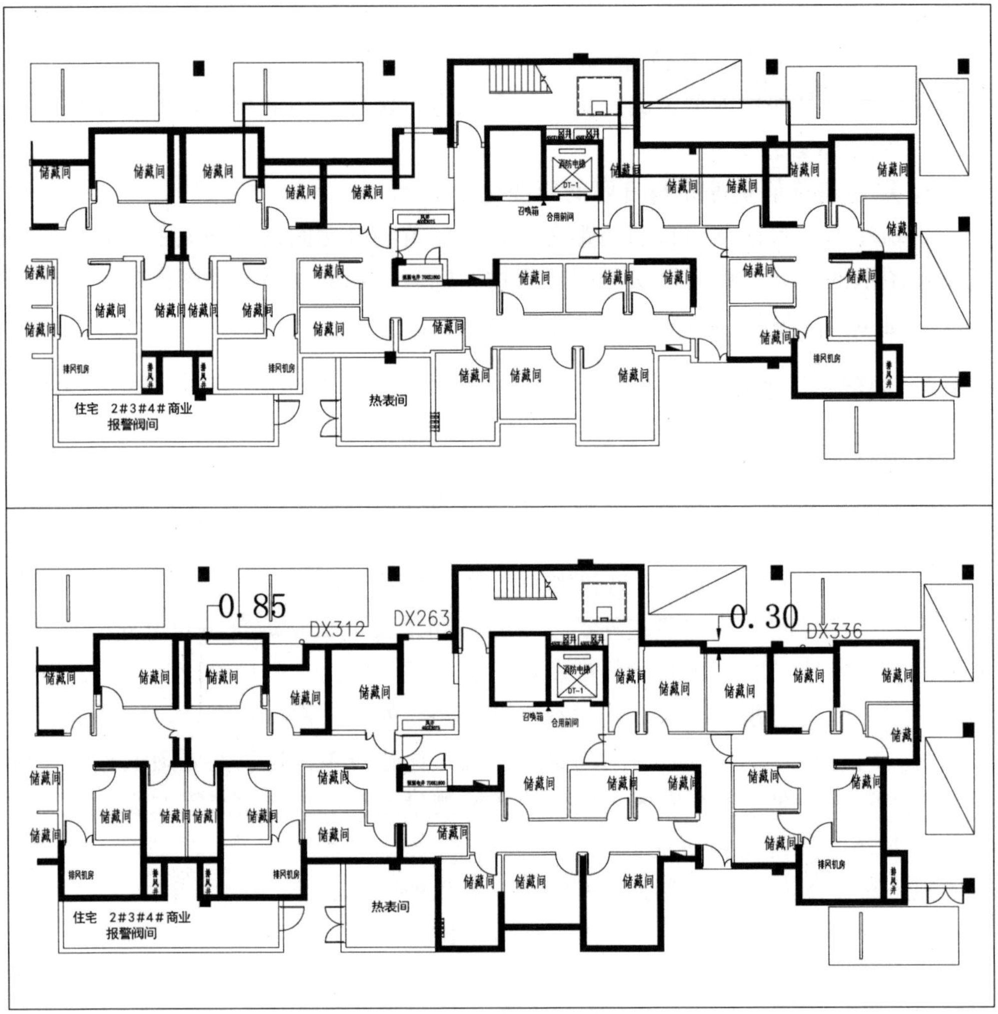

图 4-1 地下储藏室变更样图

业）的布局变更，如内部分隔情况等。

（2）位置、尺寸、功能变更：地上配套公建位置、尺寸、功能的变更情况需重点关注，变更情况应与规划设计图纸进行比对。

5. 户数、户型、阳台及飘窗变更

（1）户数、户型变更：单元内户数的变化主要体现在集资建房或村民安置房，原规划设计每单元四户，现状由四户变更为六户，户型亦发生改变；

（2）阳台变更：阳台变更应重点关注规划许可的阳台与卧室、阳台与客厅之间起分隔作用的推拉门、墙垛现场是否建设，阳台进深尺寸与设计是否一致；

（3）飘窗变更：飘窗的变更应重点关注飘窗窗台高度及进深是否与设计

一致。

4.6.4　外立面变更

1. 外立面色彩的变更

规划建筑物外立面色彩（一般立面图有色彩说明，可参照文本中立面效果图）与现状建筑物外立面色彩（楼座照片）比对，外立面色彩的变更情况应在问题综述中说明。

2. 外立面材质的变更

规划建筑物外立面材质（立面图有材质说明）与现状建筑物外立面材质（楼座照片）比对，外立面材质的变更情况应在问题综述中说明。

3. 外立面造型的变更

规划建筑物外立面造型（设计立面图）与现状建筑物外立面造型（楼座照片）比对，重点关注造型外观和高度的变更，外立面造型的变更情况应在问题综述中说明。

4.6.5　新增建筑

1. 传达室

（1）建设项目未规划审批传达室，施工方在项目主入口或次入口增加传达室，规划总平面竣工图中如实体现出其平面位置；

（2）传达室的实际建设位置应考虑到与用地红线、规划设计出入口等方面的交叉影响。

2. 功能用房

（1）变配电室、换热站由地下位置变更为地上；

（2）项目用地范围内新增加配套功能用房，尤其需注意小学、幼儿园等项目内新增加的配电室、换热站等。

3. 地下增加架空层

（1）由于地势原因，施工方在规划建筑物下增加架空层（素土回填），规划竣工规划测量时现场为封闭空间或留有施工洞口，其内部分割为储藏室布局，有后期利用的嫌疑。在测量过程中应拍照留存，并反映给项目承办人。

（2）地下架空层的层高合理性及与人防工程的关联性应重点查看。

4. 楼顶增加建筑空间

（1）楼顶增加水箱间、配电间等功能用房；

（2）楼顶增加直升机停机坪、装饰框架及 LED 屏幕等情况。

4.6.6 占压规划控制线

1. 规划许可内相关现状规划要素占压控制线

进行外业数据采集、内业数据处理，编绘现状地形图。通过叠加规划控制线，应着重注意现状建筑、围墙、地上停车位及绿化占压规划控制线的情况。

2. 新增建筑占压规划控制线

项目存在新增建筑情况的，着重注意新增建筑是否存在占压规划控制线的情况。

4.6.7 有关技术问题的处理

（1）建筑面积规范对建筑物实际情况无明确适用条款，但城乡规划主管部门的相关规定的文件对具体建筑情形有细化规定的，一般按城乡规划主管部门的相关规定的文件条款执行；建筑面积规范对建筑物实际情况无明确适用条款，且城乡规划主管部门的相关规定的文件中也无明确规定的，一般按规划审批时计算规划许可证附表的适用规则执行。

（2）标注核验建筑物的四至距离关系、建筑物的尺寸时，一般要对应规划审批图纸的位置，规划审批图纸中未标注的，一般标注最短间距。

（3）竣工规划测量的项目用地范围线内侧及用地范围线外周边（或最外围竣工主体建筑物外周边）25m 范围内的新增建筑物应如实在图中以加粗加黑的线型表示，并注记其自身尺寸及四至距离。

（4）竣工规划测量成果技术报告中应注明外业施测的时间段，对时间段以外现场发生的变化，未经现场实测的，不应在测绘成果中体现。竣工规划测量未出具成果前，现场发生变化的，应在接到建设单位通知后及时到现场补测。对于消防水池等确实覆土无法施测的建构筑物，不具备开挖测绘的条件和强制要求的，应在总平面竣工图和报告中说明情况，有规划要求的，在图中表示规划位置。

（5）建筑物建设状态的施工变更情形的补测，必须以现场实际建设为准，留照片存档。

4.6.8 问题汇总编写的要求

问题汇总主要是把规划变更以及发现的其他问题逐项列出，便于规划审批人员快速了解项目存在的主要问题。编制时应重点把握以下原则：

1. 面积对比

（1）规划面积数据：来源于建设工程规划审批图纸，应根据电子版进行初步核算，验算其与许可证附表数据的符合性。

（2）面积比较分析：其说明的是现场建设情况与规划审批图纸的差别情况导致的面积差别。面积分析应分楼座、分情况描述，必要时配合图形描述。原则上面积差异不论数据大小，均应描述合理的差异原因。个别情况，如果减少或增加的比较小（不影响容积率变化）且能明确为测量误差的原因时，可以简单描述或不描述。

2. 布局变更

（1）布局变更的描述应对照绘制布局变更图（分别绘制规划图纸与现场情况），一般通过对轴线编号或者位置关系的描述能够准确定位到具体位置，对变更的情况可采用例如“原规划方案为……，现场建设为……，导致……，详见附图×”的规范方式描述。

（2）对于总平面图中大范围的、无法准确用文字表示的需提出的变更情况，可在总平面竣工图纸中通过区别颜色画线、定点注记等方式作出标记。

（3）实际建设地面车位较规划有数量及位置调整的，可分别用不同颜色区分规划车位及现状车位，并绘制车位布局变更图。

4.7　竣工地形图测绘

竣工地形图应表示范围内建（构）筑物、道路、绿地、水系、管线及附属设施等各种地形、地物要素以及地理名称、注记等，且原则上不做综合取舍。其精度应满足《城市测量规范》（CJJ/T 8—2011）要求。竣工地形图的各种符号应按国家现行的《国家基本比例尺地图图式　第1部分：1∶500　1∶1000　1∶2000地形图图式》（GB/T 20257.1—2017）和当地基础地形图的相关规定执行。

（1）竣工地形图测绘方法宜采用内外业一体化数字成图法。测绘区域内已有城市基础地形数据时，可利用全站仪修测成图。

（2）竣工地形图应标注必要的名称、属性注记，如建筑物名称、层数、功能、尺寸与距离、各特征线型名称等。另外，还需注记规划信息，内容主要包括：竣工建筑名称、层数、室内地坪标高、竣工建筑边长，地下室范围，竣工建筑与相邻建筑物、构筑物、现状道路（或规划道路）中线及用地界线的间距等。

（3）竣工地形图应包括建设工程竣工的地上、地下建（构）筑物轮廓（含阳台等其他附属设施，如柱廊、檐廊、架空通廊、底层阳台、门廊、门墩和室外楼梯及与房屋相连的台阶等）；另外，还应包括项目周边地物、地貌，如道路、围墙、周边现状建筑物（尤其周边在建或需拆除建筑）、绿化植被、景观水系、小区内部主要道路及其上的管线设施、地面停车位等。

（4）规划控制线、尺寸标注位置、勘测定界与规划总平面图一致。

（5）建筑物轮廓与面积图有合理的对应关系，建筑物地下部分与地上部分的相对关系正确。

（6）按规划附图标注：周边楼号，配套功能，地块分界，规划控制线、地上停车位，回车场，公厕等内容。

（7）新增建筑的表示应突出，尤其注意压盖红线情况。

（8）四至距离的计算：建筑物与四至边界的距离计算可采用解析法，根据所测的坐标进行计算，计算可在计算机图形软件中进行。

（9）总平面竣工图编制完成后，应与规划审批图纸叠加一次，对总平面要素统一分析，以确定是否表达完善。

4.8 成果资料整理

建设工程竣工规划测量成果内容主要包括技术报告书、成果汇总表、立面高度图、尺寸与面积图、总平面竣工图，另外，成果资料整理中还应注意以下问题：

（1）技术报告应对建设项目分期与完整许可情况的关系、无法施测的情况、特定必要的面积计算规则等进行描述。

（2）汇总表中应注明许可证号，对单幢建筑分功能计算的面积应与许可证附表对照表示。要备注高度起算基准和特殊面积计算规则。

（3）上交资料要齐全、规整，数据文件应正确、完整，文档资料应规范、清晰。

（4）竣工规划测量成果具有特定的时效性和针对性，成果中应注明“本成果不作为合同约定以外的其他用途”。

第5章　城市规划道路定线测量

本章所述城市规划道路定线测量基本技术要求，适用于城市规划道路定线测量工作，但不局限于道路，也可应用于河道、高压线等线状工程定线测量工作。

5.1　概　　述

5.1.1　定义

规划道路定线测量是指确定规划道路的平面位置的测量工作，服务于道路定线和道路放线的测量过程，简称定线测量。

5.1.2　主要工作内容

线路工程分为设计阶段、施工阶段和竣工验收阶段。城市道路定线测量主要服务于道路设计，包括初测、定测、既有线路勘测和线路复测。

1. 初测

初测的任务是为线路设计提供初始的外业资料，包括线路平面、高程控制测量和带状地形图测绘。

2. 定测

定测的任务是将初步设计中线测设到实地，并结合现场情况改善线路位置，工作内容包括线路中线测量、纵断面测量、横断面测量和细部测量。

3. 既有线路勘测

既有线路测量是定测的反转过程，是对既有线路及沿线地物做详细测绘。

4. 线路复测

线路复测包括交桩和复桩。交桩是在施工单位进场之前，现场交付主要的线路桩点和施工控制点，由甲方、项管、监理、设计单位、施工单位和施测量单位共同参与。复桩是交桩留下标记发生丢失、损坏、移位时，恢复其点位标记的过程。

5.2 准备工作

5.2.1 设计数据的验证与提取

（1）设计数据验证：设计数据由设计单位提供，包括DWG版设计文件和《勘察测绘要求》。首先仔细研读《勘察测绘要求》，内容包括道路名称、等级、宽度、地形图范围、比例尺、坐标系、纵横断测量要求、细部测量要求及资料格式要求，然后对设计文件进行验证，确认设计图纸的坐标系统，检查是否移位、旋转、缩放，检查设计桩号与解析桩号是否一致。

（2）设计数据提取：根据应用目的不同，提取内容也不同，一般可分为中线测量提取、交桩测量提取、灰线放样提取。中线测量除了按照设计要求提取起始桩、整数桩和曲线要素桩外，还要提取与其他设计线路（包括道路、河道、管线等）、现状道路、单位出入口、现状桥涵等的相交点。交桩测量一般只要求提取关键要素点。灰线放样提取主要用于粗略确定线路位置、拆迁范围和施工范围，一般建议将道路中线、边线以2m间距进行提取，保证线路任意处都有点可放。

（3）提取数据的回展与导入：对提取数据进行回展是一项必要的验证过程，主要是为了防止数据反向，验证提取桩号与设计桩号的对应性。数据导入仪器时，应注意XY的顺序，谨防颠倒。

5.2.2 已有资料的准备

（1）1∶500比例尺地形图：精度良好、现势性较强的已有地形图，可用作道路定线的外业工作草图，将设计数据展绘到地形图上，并绘制相应宽度的横断线，内业用于粗略估计工作量、判断工作难度，外业用于纵横断测量的粗略定位。

（2）已有控制点：收集作业区附近已有施工控制点，点位合适，精度满足要求，可直接利用；精度不能满足的，仅利用点位；点位不合适的，可作为RTK检测点。

（3）等级水准点：一般地面市政道路施工控制满足五等水准精度即可，水准测量需要从四等水准点上起算，收集两个以上的四等水准点进行附合水准测量。

5.2.3 技术交底

（1）任务概述：明确项目来源、位置、范围、工作内容、任务量。

（2）测区自然地理概况：说明作业区影响测绘工作开展的地理特征、交通情况和测区困难类别。

（3）已有资料利用情况：根据前期资料准备过程详细说明已有资料的质量、数量、规格、可利用性。

（4）外供成果：说明外供成果的内容、规格、坐标系统。

（5）设计方案：对道路定线所涉及的施工控制点测量、带状图测绘、土石方测量、线路中桩测量、线路纵断测量、线路横断测量、细部测量的技术方法、技术要求、技术指标、所用仪器软件和提交成果及归档资料进行说明。

（6）已知点成果表：已知点成果是外业施测的平面、高程工作基准，需要保证来源的可靠性和数据的准确性。

5.2.4　测量仪器与纸质资料的准备

（1）测量仪器及工具包括全站仪、跟踪杆、棱镜、三脚架、水准仪、水准尺、尺垫、撑杆、RTK、GPS 基座、盒尺、对讲机、警示服、警示墩、警示带、钢钉、木桩、油漆、锤子、毛笔、铅笔等，仪器要提前充好电。

（2）纸质资料包括技术设计书、已知点成果表、巡视底图、定线草图、提取中桩坐标表、距离高程检测记录纸、i 角检测表、交桩记录等。

5.3　带状地形图测绘

作为道路设计第一手资料的带状地形图，相比普通地形图来说，对高程的要求较高。它不仅被用作路线选择，还会被用于考虑排水、竖曲线走向、削坡、填沟等初步设计，地形图上高程如果与纵横断成果出入较大的话，势必对设计造成不良影响，所以一定注意检测。

影响道路设计施工的地形地物，有些可能没必要进行细部测量，但要在地形图中准确表示，比如古树、庙宇、桥梁、线杆、线缆走向、护墩、经济林、独立坟、管线标、管线走向、建筑物、墙体、堤坝、冲沟、断崖、交叉路口、单位入口等。

5.3.1　新建道路的注意事项

新建道路范围内的带状地形图有时还被用于确定征地补偿范围内的地上物类型和预估清场工作量。带状地形图范围的植被、房屋、坟墓要特别关注，垃圾堆、渣土堆、拆迁区等范围要明确，并注记文字。

5.3.2 既有道路的注意事项

在既有道路上进行铺修，基本上都是翻修，现状道路边是确定设计道路的重要依据，特别是交叉路口、单位门口、桥梁衔接等处的现状道路边，一定要确保满足对其利用、衔接和改造的需要。如已有带状地形图，对带状地形图进行巡测时，一定要检核路边、花坛边、人行道边的平面位置，发现移位应新测，测点数量以线型不失真为宜，不得以延伸方式绘制道路边。

5.4 道路中线测量与纵断测量

5.4.1 中线测量

道路中线测量，是将设计道路中心线标定到实地的过程，它是通过放样道路中桩实现的。传统的道路中线测量需要钉桩，用于确定道路走向、施工范围、保留点位以及高程联测。

测量单位进行道路定线主要服务于设计阶段，仅需要向设计单位提供纵断高程，以便设计单位生成纵断面图，而道路中线钉桩通常由施工单位在施工阶段完成。并且随着 RTK 技术的发展，道路中线测量已经可以做到随定随测，而不需要像传统方式那样，先把所有点位定出来，再进行高程测量。

5.4.2 纵断测量

纵断测量就是测定中线上各里程桩的地面高程，以便绘制中线纵断面图，为设计线路坡度、计算土方量提供基础数据。传统的纵断面测量需要先进行基平测量，沿线路方向设置水准点，建立高程控制，再进行中平测量，以水准点为基础，分段测定各中桩的地面高程。

如今，设计道路沿既有道路或途经市政道路时，为保证高程数据的稳定性，仍需要对中桩高程进行水准联测，但由于城市规划道路较短，城市内等级水准点丰富，可直接进行附合水准测量，不必区分基平、中平。如果是非硬化路面区域，网络 RTK 信号稳定的话，RTK 高程完全满足纵断测量的需要，可与道路中线测量同步，在中桩测量的过程中，进行纵断高程测量，定完中桩位置后，随之进行数据采集，既可以验证中桩位置的准确性，又可以得到中桩高程。

纵断测量实际是为了获得一条兼顾细节的趋势线，平坦区域每 25m 便能满足要求，地形、地物变化处需要加测点。在实际测量工作中，线路沿线地物繁多、关系复杂，无法用一刀切的方式规定哪些测哪些不测，只能根据现场情况综合考虑，将地形、地物放到总趋势里，看是否影响线路，将设计线路放置于实地，看对哪些地形、地物有影响，以保证纵断数据准确、详细，兼顾整体、连贯。

5.4.3 注意事项

（1）纵断间隔：两个整数桩之间的距离，由设计单位确定，一般设置为 20m、25m、50m、100m 等。

（2）道路中线放样进行钉桩时，应满足《城市测量规范》（CJJ/T 8—2011）的要求，定线测量测定的中线点与相邻控制点的点位中误差应不大于 50mm，外业对钉桩进行检测时，应按“放样—钉桩—检测”的顺序进行。

（3）在田地里钉木桩的话，可以适当放宽要求，但必须明确仅用于确定线路走向，不得用于施工。混凝土路面可以选择刻石或喷涂，作为联测水准的标记。中线点被土堆、树木、房屋、车辆等地物遮挡时，可用附近高程代替，以保证中线高程连贯有序。

（4）道路中线经过硬路面时，要对中桩高程进行水准联测。一般要求从四等水准点出发，用“视线高法”测量出测段内所有中桩的地面高程，最后附合到另一个四等水准点上。高差闭合差应满足快速路、主干道$\leqslant \pm 30\sqrt{L}$（mm），次干道及以下$\leqslant \pm 50\sqrt{L}$（mm）。在实际定线中，中桩水准联测一般与施工控制点联测一起，水准精度就高不就低。

（5）在无法使用 RTK 进行道路定线的遮挡区域，可将全站仪架设在施工控制点上进行中桩放样，由于中平测量水准精度一般低于图根水准精度，且现有主流全站仪标称精度为 2″，完全可以利用三角高程测量方式获取中桩高程，可不再联测水准。

（6）由于存在路线变更风险，设计阶段的定测桩位、标记不得提供给施工单位使用。

（7）与规划道路、规划管线、现状公路、铁路轨顶、地面材料分界（如沥混凝土分界）、现状河流、现状桥涵、单位门口等的相交点及线路上高程变化处都要进行加密测量，并在上交成果中备注说明。

（8）中桩位于现状道路中央花坛或中央栅栏上时，如果采集花坛高程或栅栏高程，便会抬高现状道路高程，误导设计，正确的做法应该是取附近路面高程代替，并在纵断成果表里注明。

（9）在地形变化较大的区域，为保证道路中线高程的顺接，一些无法进入的地方，比如中线穿坎上坎下两个院子，跳过去的话纵断面就失真了，一般应在两个院子分别测点作为坎上坎下高程。

（10）高低路纵断测量。同一条路不同方向路面高程存在高差的情况我们称之为高低路，高低路主要是因为道路两侧地面高差较大且无法统一而形成的，高低路中桩测量时要分别采集高低路面高程。

（11）设计中线紧贴现状坎子，时而坎上，时而坎下，时而半坡，可按以下方式解决：现场不放样中桩点，只采集中桩附近坎上坎下高程，内业靠近坎上取坎上，靠近坎下取坎下，综合取舍，保证平顺；坡度允许的情况下直接在坡上放样点，增加横断，配合表示；绘制地形细部图。

（12）现状地势高低一般会影响线路设计高程，但施工区、渣土堆、拆迁区、乱掘地的高程并不能真实反映地势情况，现场如实测量，并在纵断成果表里注明里程范围。

（13）道路中线穿越渣土堆时，可只取坡顶坡脚上的破桩号，横断也最好能测到坡顶坡脚。遇到不规整的渣土群时，稀疏区可以略过去，密集区可测渣土包的二分之一处。

（14）密集居民区内的道路定线，可只取巷道里的破桩号高程。

（15）道路横穿沟渠、池塘时，应测量水底高程，在保证人身安全的前提下，利用插杆法、垂绳法等获得。穿越河流时，应根据设计单位的要求施测。

（16）依据地势起伏设计的道路，不仅要考虑两侧小区或单位的排水、出入情况，还得考虑设计路面不得高于栅栏墙台，道路土方不得造成现有墙体变形，需要与设计人员沟通，增加围墙、围墙内部的细部数据。

5.5 道路横断测量

5.5.1 横断测量

横断测量的主要任务是在各中心桩处测定垂直于中线方向的地面起伏，便于绘制横断面图，是路基设计、土石方等工程量计算和施工时确定断面填挖边界的依据。

横断测量是通过测量横断上各点高程实现的，在已知中桩的垂直方向上，分别向左向右依次测量地形变化特征点，实地测量的横断点应尽量靠近横断线，并根据实际地形的变化走势，在地形复杂的沟、渠、坎、土堆、坑、塘等处加密测量特征点，特征点应与地形变化相对应，不得跳跃。

5.5.2 注意事项

（1）横断间隔：在《勘察测绘要求》中有明确规定，一般为 2 倍纵断间隔，主干道、快速路及情况复杂的道路会要求 1 倍纵断间隔。在地形起伏处、单位出入口、相交现状（规划）路口处加测横断，横断测量原则上只增不减。

(2) 横断宽度：在《勘察测绘要求》中有明确规定，一般为道路设计宽度的 2 倍，市区既有道路两侧有建筑物的，测至建筑物。相交现状路口需要加测横断，且横断距离不短于 200m。

(3) 横断方向：一般为道路中桩的垂直方向；当设计道路与现状道路相交时，相交锐角≥45°，横断应沿现状（规划）走向施测，横断距离量取斜距，并在横断成果中注明，相交锐角<45°，不考虑相交道路；相交道路中线为曲线时，按设计道路垂直方向施测，不考虑相交道路上的绿化带、安全岛等不能代表路面高程的区域，但应测量该路口的道路标高。

(4) 同一条横断线上，路沿石、道路边、行树、房屋边、不同路面结构界线、横跨沟渠等处一般应增加测点。

(5) 横断测量可利用全站仪测量，也可利用 RTK 测量。利用全站仪测量时，宜架设在道路中线点上，后视其他中线点，然后沿道路走向的垂直方向施测，也可架设在道路边，根据横断线与地形地物的关系进行施测。利用 RTK 施测时，在贴近房屋等精度不良的区域，可在附近采集替代高程。

(6) 地形地物的实测位置与工作底图不一致时，应在工作底图中纠正。横断上的采点应均匀、完整、合理，平坦区域的横断点间隔应在 25m 左右。相邻横断高程变化应与地形吻合，地形变化应连贯、有序，坎上坎下应相互对应。

(7) 横断地形起伏较大时，比如一侧为山地，可以根据工作底图中横断线与地形图的关系，顺应地形进行测量。如果地形图上的高程有保证的话，也可部分图解。

(8) 在弯道上进行横断定向很困难，如果地形较为平坦，可采用放样的方式测量横断，将横断分段提取坐标，导入测量仪器，放样到实地后再采集高程。

(9) 利用全站仪进行横断测量时，宜架设在联测有水准高程的施工控制点或道路中线点上，以保证横断测量的起算高程为水准高程。

5.6　平面控制测量

5.6.1　一般市政道路平面控制点测量

1. 精度要求

一般城市地面市政道路施工控制应达到二级 GNSS RTK 控制点精度等级，

具体测量技术要求参见第1章的表1-3的要求。

规范要求进行RTK测量时，GNSS卫星的状况应符合表5-1的规定：

表5-1 GNSS卫星状况的基本要求

观测窗口状态	15°以上的卫星个数	PDOP值
良好	≥6	<4
可用	5	<5
不可用	<5	≥6

2. 布设要求

虽然第1章的表1-3中规定了二级GNSS RTK控制点≥300m，但由于现实条件所限或为了使用方便，实际布设中可在200～500m区间内选择，太远不容易定向，太近不利于相对精度的控制，特别困难区域且仅用于局部小范围控制的情况下，可放宽至100m，但需要在远处加设一个校核点。

控制点点位可在沿线硬路面上布设，要避开本线路施工范围，也要避开相邻线路的施工范围，并满足稳定、可靠、安全、无干扰等条件。要远离高压线、通信基站、散热塔、重要通道（来往过多不便使用）、楼房遮挡处、路边停车位（车辆压住不便使用）、破损路面、路面低洼处（容易积水积泥沉降）、管道井附近、不稳定道路铺面（花砖）、坎边（易坠落）、桥面（振动不稳定）、架设三脚架困难或存在安全隐患的区域。

规范要求控制点布设应不少于3个或应不少于2对相互通视的点，如果只在线路一端布点，应布设三个两两通视的控制点，如果在线路两端布设，可分别布设一对相互通视的控制点。线路工程一般需要保证每1km有一对相互通视的施工控制点，当线路长度小于1km时，可在一端布设，当线路长度大于1km时，应在两端分别布设控制点。

3. 测量要求

进行RTK控制点测量前，应进行已知点检核，平面及高程较差均不应大于5cm。二级GNSS RTK控制点测量要采用三脚架模式，施测前要正确设置仪器参数，如坐标系统、采集类型、天线类型、天线高量取位置、平面高程收敛阈值等。天线高量取一定要规范、准确。

仪器对中、整平要严格按照粗对中、粗整平、精对中、精整平、对中复核的过程进行，数据记录过程中观测员应紧盯手簿，有大型车辆通过时应暂停观测，测量结束后，应检查气泡是否稳定居中。

观测前应对仪器进行初始化，观测值应在得到RTK固定解且收敛稳定后记录，每测回观测不短于30s，测回间应对仪器初始化，测回间时间间隔应超过

60s，测回间平面坐标分量较差应不超过 2cm，垂直坐标分量较差应不超过 3cm，一般采集三测回取平均值作为最终观测成果。当初始化时间超过 5min 仍不能获得固定解时，宜断开通信链路，重启接收机，再次进行初始化，重启 3 次仍不能获得固定解时，应选择其他位置进行测量。

相互通视的施工控制点应利用全站仪进行距离、高程检测，设站时应正确输入设站高和棱镜高，并在外业观测手簿中记录。距离检测应测一测回，读数 4 次，即正镜 2 次，倒镜 2 次，高程检测读数同上，且记录高差读数正负号。现场计算两控制点距离相对精度和高差之差，距离相对精度应不低于 1/10000，高差之差宜不大于 3cm。

5.6.2　高等级平面控制点测量

1. 精度要求

城市内部的隧道、高架桥、主干道等高等级道路，应根据设计单位要求，执行《公路勘测规范》（JTG C10—2007），平面控制测量的等级不得低于表 5-2 的规定。

表 5-2　平面控制测量等级选用

高架桥、路线控制测量	多跨桥梁总长 L（m）	单跨桥梁 L_K（m）	隧道贯通长度 L_G（m）	测量等级
—	$L\geqslant3000$	$L_K\geqslant500$	$L_G\geqslant6000$	二等
—	$2000\leqslant L<3000$	$300\leqslant L_K<500$	$3000\leqslant L_K<6000$	三等
高架桥	$1000\leqslant L<2000$	$150\leqslant L_K<300$	$1000\leqslant L_G<3000$	四等
高速、一级公路	$L<1000$	$L_K<150$	$L_G<1000$	一级
二、三、四级公路	—	—	—	二级

各等级平面控制测量最弱点点位中误差不得大于±5cm，最弱相邻点相对点位中误差不得大于±3cm，最弱相邻点边长相对中误差不得大于表 5-3 的规定。

表 5-3　平面控制测量精度要求

测量等级	最弱相邻点边长相对中误差	测量等级	最弱相邻点边长相对中误差
二等	1/100000	一级	1/20000
三等	1/70000	二级	1/10000
四等	1/35000	—	—

角度、长度和坐标的数字取位应符合表 5-4 的规定。

表 5-4　角度、长度和坐标的数字取位要求

测量等级	角度（″）	长度（m）	坐标（m）
二等	0.01	0.0001	0.0001
三、四等	0.1	0.001	0.001
一、二级	1	0.001	0.001

2. 布设要求

（1）控制点应分布均匀，由独立观测边构成一个或若干个闭合环或附合路线，构成闭合环或附合路线宜采用边连式构网，边数宜不多于 6 条，线路过长或网型较弱时，利用网连式或混连式加强网型，平面控制点相邻点间平均边长应参照表 5-5 执行。

表 5-5　相邻点间平均边长参照值

测量等级	平均边长（km）	测量等级	平均边长（km）
二等	3.0	一级	0.5
三等	2.0	二级	0.3
四等	1.0	—	—

（2）四等及以上平面控制网中相邻点之间的距离不得小于 500m，市区布设条件受限无法达到时，可增加控制密度。一、二级平面控制网中相邻点之间的距离在平原、微丘区不得小于 200m，重丘、山岭区不得小于 100m，最大距离应不大于平均边长的 2 倍。

（3）平面控制点距路线中心线的距离应大于 50m，宜小于 300m，每一点至少应有一对相邻通视点，隧道、特大型构造物两端应埋设 3 个及以上平面控制点。

（4）控制点应联测 3～5 个现有高等级 GPS 平面控制点，为了取得较高精度的观测成果，兼顾地形条件、交通和通信状况、作业效率以及节省观测费用，应对 GPS 网进行优化设计。

3. 选点埋石及记录

（1）选点原则。

1）点位应选在土质坚实、稳固可靠的地方，同时要有利于加密和扩展，每一控制点至少应有一相邻点通视；

2）当利用已有城市控制点时，应检查该点的稳定性及完好性；

3）控制点应选在利于长久保存、施测方便和施工变形影响范围以外的地方；

4）建筑上的控制点应选在便于联测的楼顶承重结构上；

5）点位应选在视野开阔，高度角在 15°以上的范围内，应无障碍物；点位附近不应有强烈干扰接收卫星信号的干扰源或强烈反射卫星信号的物体；

6）为避免或减少多路径效应的发生，测站应远离对电磁波信号反射强烈的地形或者地物（成片水域、高层建筑等）；

7）控制点与无线电发射装置的间距应大于 200m，与高压输电线的间距大于 50m。

（2）埋石要求。

1）控制测量点应埋设在基础稳定、易于长期保存的地点，埋设时应使其具有足够的稳定性。对基础不稳固的点位，进行基础处理时，需打入钢桩浇筑混凝土，打桩规格和深度视各点地质条件而定，一般应打到能保证点位稳定的地层，具体根据地质条件设立相应的标示。

2）对基础稳固（如独立岩石等）的部分开阔地带可直接打入钢桩。

（3）选点埋石的记录。

1）平面控制点点号选取：由字母和数字两部分组成，数字部分为点位顺序号，如 GYB01。

2）选点埋石时，应采用 GPS RTK 测量方式采集控制点的概略坐标，用于点位确认和网型调整。

3）选点埋石结束后，绘制点之记或点位示意图。

4. GPS 观测

（1）观测技术要求。

平面控制测量可采用 GPS 测量、导线测量、三角测量等方式进行，简易优先采用 GPS 测量，其他测量方式应严格执行《公路勘测规范》（JTG C10—2007）要求，本文不再赘述。表 5-6 为 GPS 观测的主要技术要求。

表 5-6　GPS 观测的主要技术要求

项目		测量等级				
		二等	三等	四等	一级	二级
卫星高度角（°）		≥15	≥15	≥15	≥15	≥15
时段长度	静态（min）	≥240	≥90	≥60	≥45	≥40
	快速静态（min）	—	≥30	≥20	≥15	≥10
平均重复设站数（次/每点）		≥4	≥2	≥1.6	≥1.4	≥1.2
同时观测有效卫星数（个）		≥4	≥4	≥4	≥4	≥4
数据采样率（s）		≤30	≤30	≤30	≤30	≤30
GDOP		≤6	≤6	≤6	≤6	≤6

（2）观测准备与计划。

GPS观测采用静态作业模式，作业前应对卫星接收机和天线等设备进行常规检查，检查内容包括电池电量、光学对中器和接收机内存容量等。根据接收机数量、控制点设计图形以及交通情况编制观测计划，计划应给外业调整留有余地。

（3）外业观测注意事项。

1）天线安置的对中误差应不大于3mm；天线高量取应精确至1mm，在120°方向三次量取，较差不大于2mm，取中数使用；测前测后各量测一次，两次较差应不大于3mm，并应取平均值作为最终结果；较差超限时，应查明原因，并应记录在GNSS外业观测手簿备注栏内。

2）观测作业应严格按调度表进行，保证同步观测同一组卫星，不得中间关机、改变天线位置或参数、进行其他调试等，观测中应避免在接收机近旁使用无线电通信工具。

3）观测员在作业期间不得擅自离开测站，并应防止仪器受振动和被移动，防止人和其他物体靠近天线，遮挡卫星信号。

4）作业同时应填好观测手簿，包括控制点点号、接收机序列号、仪器高、天线类型、开关机时间等相关的测站信息，不得缺项。

5）观测过程中，如发生意外情况应及时与工程负责人联系，听从指示和安排。

6）每日观测结束后，应及时将存储介质上的数据进行拷贝，确保数据的安全，并采用专业处理软件进行数据质量检查。

5. 数据处理

（1）基线解算。

下载同期JNCORS基准站的观测数据，可将基准站的精确WGS-84坐标作为控制点基线解算的起算值。基线的解算以同步时段为单位进行，每个时段求解时，可采用单基线模式解算，也可以只选择独立基线按多基线模式统一解算。

（2）质量检核。

GPS控制测量外业观测的全部数据应经数据剔除率、重复基线、同步环、异步环及基线分量改正数检核，并应满足下列要求：

1）同一时段观测值的数据剔除率宜不大于10%。

2）重复基线测量的差值应满足下式要求：

$$d_S \leqslant 2\sqrt{2}\sigma$$

式中　d_S——重复基线测量的差值（mm）；

σ——标准差（mm）。

3）同步环闭合差应满足下列各式要求：

$$W_X \leqslant \frac{\sqrt{n}}{5}\sigma$$

$$W_Y \leqslant \frac{\sqrt{n}}{5}\sigma$$

$$W_Z \leqslant \frac{\sqrt{n}}{5}\sigma$$

$$W \leqslant \frac{2\sqrt{n}}{5}\sigma$$

式中　n——环或附合路线的边数；

　　　σ——标准差（mm）。

4）异步环闭合环或附合路线坐标闭合差应满足下列各式要求：

$$W_X \leqslant \sqrt{\frac{4n}{3}}\sigma$$

$$W_Y \leqslant \sqrt{\frac{4n}{3}}\sigma$$

$$W_Z \leqslant \sqrt{\frac{4n}{3}}\sigma$$

$$W \leqslant 2\sqrt{n}\sigma$$

式中　n——环或附合路线的边数；

　　　σ——标准差（mm）。

（3）重测与补测。

因超限或其他原因剔除基线后，一个点不能与两条合格的独立基线相连接，应进行补测或重测。因点位信号接收条件差，经重测仍达不到精度要求时，应及时上报，改变点位进行补测。

（4）7.2.5.4 网平差。

以已知高等级 GPS 平面控制点作为起算点，选取合格独立基线进行平差计算。

1）三维无约束平差。

应将全部独立基线构成闭合图形，以三维基线向量及其相应方差协方差阵作为观测信息，以一个点的 WGS-84 系的三维坐标作为起算数据，在 WGS-84 坐标系中进行三维无约束平差，并提供 WGS-84 的三维坐标、观测值的总改正数、基线边长以及点位和边长的精度信息。基线分量的改正数绝对值应满足下列各式要求：

$$V_{\Delta X} \leqslant \sqrt{3}\sigma$$

$$V_{\Delta Y} \leqslant \sqrt{3}\sigma$$

$$V_{\Delta Z} \leqslant \sqrt{3}\sigma$$

式中　σ——标准差（mm）。

2）二维约束平差。

以高等级平面控制点作为起算基准，计算出控制点的1993年济南市独立坐标系下坐标成果。约束平差后，输出成果包括各点位的坐标、基线向量改正数、基线边长和方位角、边长和方位的精度信息等。根据平差成果对GPS网观测质量进行综合评定，编写技术总结报告。

基线分量的改正数与经过粗差剔除后的无约束平差结果的同一基线相应改正数较差的绝对值应满足下列各式要求：

$$dV_{\Delta X} \leqslant \sqrt{\frac{4}{3}}\sigma$$

$$dV_{\Delta Y} \leqslant \sqrt{\frac{4}{3}}\sigma$$

$$dV_{\Delta Z} \leqslant \sqrt{\frac{4}{3}}\sigma$$

式中　σ——标准差（mm）。

5.7　高程控制测量

5.7.1　精度要求

高程控制测量可利用水准测量或三角高程测量的方法进行，建议优先利用电子水准仪进行高程控制测量。各等级高程控制网最弱点高程中误差不得大于±25mm，用于跨越水域和深谷的大桥、特大桥的高程控制网最弱点高程中误差不得大于±10mm，每千米观测高差中误差和附合或环线水准路线长度应小于表5-7的规定。

表5-7　高程控制测量的技术要求

测量等级	每千米观测高差中误差＜（mm）		附合或环线水准路线长度＜（km）	
	偶然中误差	全中误差	路线、隧道	桥梁
二等	±1	±2	600	100
三等	±3	±6	60	10

续表

测量等级	每千米观测高差中误差＜（mm）		附合或环线水准路线长度＜（km）	
	偶然中误差	全中误差	路线、隧道	桥梁
四等	±5	±10	25	4
五等	±8	±16	10	1.6

注：控制网节点间的长度不应大于表中长度的 0.7 倍。

高程控制测量等级选用应按表 5-8 执行。

表 5-8　高程控制测量等级选用

高架桥、路线控制测量	多跨桥梁总长 L（m）	单跨桥梁 L_K（m）	隧道贯通长度 L_G（m）	测量等级
—	$L \geqslant 3000$	$L_K \geqslant 500$	$L_G \geqslant 6000$	二等
—	$1000 \leqslant L < 3000$	$150 \leqslant L_K < 500$	$3000 \leqslant L_G < 6000$	三等
高架桥、高速、一级公路	$L < 1000$	$L_K < 150$	$L_G < 3000$	四等
二、三、四级公路	—	—	—	五等

高程测量数字取位要求应按表 5-9 执行。

表 5-9　高程测量数字取位要求

测量等级	各测站高差（mm）	往返测距离总和（km）	往返测距离中数（km）	往返测高差总和（mm）	往返测高差中数（mm）	高程（mm）
各等	0.1	0.1	0.1	0.1	1	1

5.7.2　布设要求

高程控制点优先考虑与平面控制点共用点位，独立布设时，应保证隧道或特大型构造物两端埋设 2 个及以上高程控制点，高程控制点距路线中心线距离应大于 50m，宜小于 300m。

5.7.3　水准测量

水准测量的主要技术要求应符合表 5-10 规定。

表 5-10　水准测量的主要技术要求

测量等级	往返较差、附合或环线闭合差（mm）		检测已测测段高差之差（mm）
	平原、微丘	重丘、山岭	
二等	$\leqslant 4\sqrt{l}$	$\leqslant 4\sqrt{l}$	$\leqslant 6\sqrt{L_i}$

续表

测量等级	往返较差、附合或环线闭合差（mm）		检测已测测段高差之差（mm）
	平原、微丘	重丘、山岭	
三等	$\leqslant 12\sqrt{l}$	$\leqslant 3.5\sqrt{n}$或$\leqslant 15\sqrt{l}$	$\leqslant 20\sqrt{L_i}$
四等	$\leqslant 20\sqrt{l}$	$\leqslant 6.0\sqrt{n}$或$\leqslant 25\sqrt{l}$	$\leqslant 30\sqrt{L_i}$
五等	$\leqslant 30\sqrt{l}$	$\leqslant 45\sqrt{l}$	$\leqslant 40\sqrt{L_i}$

注：计算往返较差时，l 为水准点间的路线长度（km）；计算附合或环线闭合差时，l 为附合或环线的路线长度（km）；n 为测站数。L_i 为检测测段长度（km），小于 1km 时按 1km 计算。

各等级水准观测的主要技术要求应符合表 5-11 规定。

表 5-11　水准观测的主要技术要求

等级	水准仪型号	视线长度（m）	前后视的距离较差（m）	前后视的距离较差累积（m）	视线离地面最低高度（m）	基、辅分划或黑、红面读数较差（mm）	基、辅分划或黑、红面所测高差较差（mm）
二等	DS1	50	1	3	0.5	0.5	0.7
三等	DS1	100	3	6	0.3	1.0	1.5
	DS3	75				2.0	3.0
四等	DS3	100	5	10	0.2	3.0	5.0
五等	DS3	100	近似相等	—	—	—	—

注：1. 二等水准视线长度小于 20m 时，其视线高度不应低于 0.3m。

2. 三、四等水准采用变动仪器高度观测单面水准尺时，所测两次高差较差，应与黑面、红面所测高差之差的要求相同。

3. 数字水准仪观测，不受基、辅分划或黑、红面读数较差指标的限制，但测站两次观测的高差较差，应满足表中相应等级基、辅分划或黑、红面所测高差较差的限制。

四等及以上水准测量应撰写专业技术设计书，执行《国家一、二等水准测量规范》（GB/T 12897—2006）、《国家三、四等水准测量规范》（GB/T 12898—2009）相关要求，水准数据也应该使用专业软件进行平差计算。

五等水准测量，可利用中丝读数法进行单程观测，直读距离，每测站的观测顺序为后视标尺—前视标尺。水准观测应在标尺分划线成像清晰稳定时进行。观测前，应使仪器与外界气温趋于一致。除路线转弯处外，每一测站上仪器与前后标尺的三个位置应接近一条直线。应避免望远镜直接对着太阳，尽量避免视线被遮挡。仪器只能在厂方规定的温度范围内工作。确认大型车辆造成的震动过去后，才能开始测量。当附合路线或环线闭合差超限时，应认真分析原因，先重测路线上可靠程度较小（观测条件不佳）的测段。

使用电子水准仪，应每天进行 i 角检测，二等水准测量的 i 角精度不应低于 15″，三、四、五等水准测量的 i 角精度不应低于 20″。

5.8　细部测量

5.8.1　高压线测量

横穿设计道路的高压线可能的影响有两个方面：一是高压线杆（塔）及护墩位于施工范围内；二是高压线缆太低，达不到安全施工、通行的要求。所以，高压线测量的内容包括高压线杆（塔）和最下层线缆高程。

高压线杆（塔）应实测其位置，底部有护墩的，同时测绘护墩轮廓。如果线杆（塔）距离道路中线实在太远，也可不测，但要准确标示线缆方向，记录线路名称、伏数，同一线杆（塔）所有线路名均应注记。

高压线线缆高程应在道路中线附近的两条线缆上分别测高，两高程差值不做要求，能判断同为最下层线缆即可。图中表示时可只表示高程小的那一个，在测量位置标注“此处高压线线缆高程为：××.××m”。

低于 10kV 的线路如果规格较高、不迁移，也应进行测绘。线杆上同时存在高压和低压时，首先保证测到高压线的线缆高程，低压线满足规格时也要测绘，在细部图中分别注记。220kV 及以上的高压线，应在细部图中分别标示两条线路的线缆高程。

利用免棱镜进行线缆高程测量时，应注意线缆后不应有遮挡物（如其他线缆、高楼、树木、广告牌等），以防飞点。尽量在不同位置多次采高，现场记录点号和高程，并与地面高程进行对比，根据合理性来判断对错。

5.8.2　桥涵构造测量

现状桥梁、涵洞如果确定拆除重建，可只测附近地形，如果想要继续使用，则要进行细部测量，具体内容包括：

（1）桥涵的关键构造点坐标，以及桥涵两侧 50 米的地形要素。下方为河道时，应准确测量其岸线、水涯线及高程，有条件的测量河底高程。下方为道路时，要测量铺装路面边线，包括行车道边线、路沿石上下、人行道边线、绿化带边线等，数据采集间隔宜小于 20m。

（2）桥涵形状、跨径、材质应根据需要进行标注。形状包括矩形、梯形、圆形等；跨径是两侧桥台支柱的水平距离；材质包括石砌、砖砌、钢筋混凝土、混凝土管、钢管等。

(3) 桥面伸缩缝：大型桥梁的桥面伸缩缝均要准确测绘，并联测水准高程。

(4) 桥面高程：桥面两侧挡板沿线高程，有人行道的桥梁，应测路沿石下高程。

(5) 桥梁底板高程：弧形底板可测最高处，并在图中注明；横梁式底板测横梁底；异型桥梁应配合拍照说明测量位置。

(6) 桥墩轮廓及与地面交线高程：大型桥梁应逐个实测，圆形墩轮廓至少测三个点，且尽量围成180°，方型墩注意拐角形状，异型墩测量其与地面的交线。

(7) 台帽即桥台顶部横置主梁的结构；盖梁即墩柱顶部横置主梁的结构，二者作用一样，只因位置不同，所以叫法不同，二者与主梁之间一般存在垂直方向上的伸缩缝，其高程也就比梁底板高程要低。

(8) 桥下高程测量：需要拆除重建的桥梁，可忽略现状桥梁，重点强调桥下地貌，沿用旧桥或加宽旧桥，则强调现状桥梁，桥下地面高程用文字方式注记。

5.8.3 上跨桥梁构造测量

被设计道路从下方穿过的桥梁也叫上跨桥梁，测量时，桥墩、桥台的基部轮廓及高程一定要准确，上跨桥梁底板非平面时，应准确测取形状。

5.8.4 既有道路细部测量

测绘车行道、辅道、人行道、绿化带、行树（按独立树表示，有时还需要测直径或树冠）、线杆（包括高压杆、低压杆、通信杆）等地物的位置。

沿街房屋室内、室外高程，小区、单位出入口高程等，根据设计人员的要求进行测量。

5.9 道路标高测量

道路标高测量，即路口方格网，主要用于道路衔接和排水排污设计，为保证数据稳定，要求利用全站仪进行设站采集。路口方格网测量范围宜测至路口外50m，间距5m为宜，高程只采道路面上的高程，中央花坛、人行道边紧贴路沿石下采集，简易绘制路口草图，出具路口方格网工程图。

5.10 道路交桩测量

中线点交桩：施工单位进场前，由甲方、监理参与，由测绘单位将设计道路要素点放样到实地的过程。交桩前应认真核对《要素点成果表》与施工蓝图是否一致，放样桩点可进行钉桩标记。

控制点交桩：施工控制点应现场逐点验测，防止点位移动、沉降。

5.11　资料整理要求

5.11.1　整理原则

（1）数据完整、准确。

全站仪、RTK 文件应每天导出，防止数据丢失。

水准数据如果采用仪器平差，应保留平差前后两个数据文件。

图形成果应有完整的展点图层。

RTK 施测前已知点检测、全站仪测站定向检测、纵横断测量、施工控制点等记录计算和成果数据应完整、准确，与采集数据一致，Excel 表格中的计算公式应用正确。

不同资料存在数据交集的，应保持一致，比如交叉道路的交叉中桩高程。

（2）整饰整洁、清晰。

上交资料应进行打印预览，布局要合理；文字的大小、样式要一致，标题与内容不宜相差太大。

5.11.2　工作底图的整理

道路定线的工作底图是外业施测的草图，内业纵横断数据的录入依据，数据检查的重要内容。它是以带状地形图为底图，以线路设计中线、横断线为依照，以实测展点高程为内容，人工或自动进行纵横断成果的整理。

获取现势性较好的地形图，将设计中线和桩号叠在其上，然后利用 CASS 软件中的“工程应用→生成里程文件→由纵断面线生成→新建”功能，生成横断线后，打印出图作为外业工作草图。外业施测完成之后，在工作底图中展绘高程点，检查新测高程与地形图高程的差异，相差较大的应分析原因。

5.11.3　纵断成果的整理

纵断成果表一般包括测点里程、中桩高程、备注三列。测点里程是从道路起点到线路上某一点的线路长度，如“K3＋255.25”，K3 表示 3km，255.25 表示 255.25m，即该桩号至起点的线路长度为 3255.25m，破桩号取至百分位。中桩高程为该桩号实地位置的高程值，备注列用于说明桩号的基本情况，如起点、终点、交点、曲线点等，普通整数桩可不备注。

坎下坎下、坡上坡下应对应出现。备注交点时，与规划道路中线相交的，宜备注“与规划××道路交点”；与现状道路相交的，可自行确定交点位置，备注“与现状××道路交点”。小区、单位出入口应加桩表示，并区分正门、侧门，并注记小区、单位的名称。线路经过成片施工区、渣土堆、房屋等时，应在相应区段说明情况。

5.11.4 横断成果的整理

对于横断成果表，不同设计单位要求的横断格式并不相同，主要内容基本一致，包括测点里程、中桩高程、偏距、横断高程。测点里程与纵断成果表要求一致，这里有个不成文的规定，横断的测点里程必须在纵断成果表中有高程，即无法测得中桩高程的横断不能出具横断成果。中桩高程即对应测点里程的中桩高程，必须与纵断成果表中数据一致。偏距是横断高程至测点里程点的垂线距离，这里的垂线即横断线，是在测点里程点上垂直于道路中线的垂直方向。偏距不是两个点的距离，而是两个点落在横断线上的距离。但在实际作业过程中，只要横断高程距离横断线不是太远，就可以利用两点距离代替垂直距离。另外，偏距又分左偏距和右偏距，根据道路中线前进方向的左右进行区分。横断高程即沿横断线方向采集的反映地形起伏的高程数据。

5.11.5 施工控制点成果表

道路定线测量的施工控制点需要现场交付，可不编制点之记，在《施工控制点成果表》中制作略图即可，如果控制点太多，或分布较复杂，也可以制作路线示意图。

5.11.6 细部图的整理

(1) 细部图应加注图框，同一线路上细部图应统一命名，且置与同一 DWG 文件中，并利用设计中线及桩号串联，防止不在当前显示而被遗漏。

(2) 线路下穿桥梁时，要详尽表示桥下地形，包括挡墙、桥台放坡、河道沟坎、建筑物及高程，桥上地物应变灰表示，桥面高程可不表示，需要表示时，应以文字方式表示，如“桥面高程：100.02 米”。线路位于桥梁之上的，可不绘制桥下地形，需要考虑桥下通航、泄洪能力的除外。

(3) 河道细部以岸线、水涯线和展绘高程点表示。

(4) 桥涵角点应注记坐标，桥涵四角坐标可注记在栅栏两头、底梁四至或挡墙外侧，并根据现场情况取舍，加注文字说明。

(5) 文字式的高程注记应区分高程和高度，加注单位。文字说明一定要准确，不得出现歧义。

5.11.7　要素点成果表

要素点成果表是外供成果的一部分，主要体现了组成道路中线关键点的起点、终点、交点、ZY、QZ、YZ、ZH、HY、YH、HZ、YY、HH、拐点的坐标和说明。其中，交点要区分现状道路交点和规划道路交点，现状支路可不提取要素点。

第 6 章　地下管线探测

本章所述地下管线探测主要是指城市道路地下管线探测、住宅小区或厂区管线探测、施工现场管线探测、新建道路管线竣工测量、新建住宅小区（单体）管线竣工测量、专业管线竣工测量等一般地下管线探测项目。本章主要从技术准备、数据采集、数据处理等方面对管线探测的技术方法进行详细介绍。

6.1 概　　述

6.1.1　探测对象

管线探测的对象包括电力、电信、给水、排水、燃气、热力、工业等地下管线及附属设施，以及综合管廊和不明管线等。

6.1.2　主要工作内容

管线探测的调查内容包括管线种类、平面位置、高程、埋深、规格、材质、压力（或电压）、流向、载体特征、总孔数、已用孔数、电缆条数、埋设方式、埋设年代、道路名称及附属物等属性。各类管线探测任务的范围应符合下列规定：

（1）城市道路地下管线探测应根据委托方的要求进行，其范围一般以城市道路中心线为基准向两侧延伸至第一排建筑物。在实际施测过程中，应以委托方指定范围线为准并予以适当外扩。城市道路地下管线探测需查清整个测区的管线种类和走向，对于穿越封闭区域的主干管线也应予以查明。

（2）厂区或住宅小区管线探测应根据厂区或住宅小区管线设计、施工和管理工作的需要，依据本书要求进行，其探测范围应大于厂区、住宅小区或委托方所指定的其他区域。

（3）新建道路管线竣工测量应根据委托方的要求依据本书要求进行，其探测对象应包括道路内新建管线及原有管线。

（4）新建住宅小区管线竣工测量，其探测范围应探测至接入市政管线的第一个检修井。

（5）热力、燃气、排水管线竣工测量应根据委托方的要求依据本书要求进行，其探测范围一般为所有竣工敷设完毕的管线。

6.1.3　比例尺

管线图一般采用1∶500比例尺。

6.1.4　取舍标准

地下管线探测的取舍标准应根据城市的具体情况、管线的疏密程度和委托方要求确定。地下管线普查取舍标准宜符合表6-1的要求。

表6-1　地下管线探测取舍标准

序号	管线种类	需探测的管线
1	给水	管径≥50mm
2	排水	管径≥200mm或方沟≥400mm×400mm
3	燃气	全测
4	电力	全测
5	电信	全测
6	热力	全测
7	工业	全测
8	综合管廊	全测
9	长输管线	全测

6.1.5　精度指标

城市地下管线探测应以中误差作为衡量探测精度的标准，且以2倍中误差作为极限误差，在同精度检测时，以$2\sqrt{2}$中误差作为极限误差。探测精度应符合以下规定：

（1）明显管线点：明显管线点埋深量测中误差不得超过2.5cm；

（2）隐蔽管线点：隐蔽管线点的平面位置探查中误差和埋深探查中误差分别不应大于$0.05h$和$0.075h$，其中h为管线中心埋深，单位为毫米，当$h<1000$mm时以1000mm代入计算；地下管线详查时，地下管线平面位置和埋深探查精度可另行约定。

（3）测量精度：地下管线点的平面位置测量中误差不应大于50mm（相对于该管线点起算点），高程测量中误差不应大于30mm（相对于该管线点起算点）。

6.1.6　作业流程

管线测绘包括技术准备、数据采集、数据处理、质量检查与质量评定和成果验收与提交过程，具体分为接受任务、资料收集与分析、地下管线探查、地下管线测量、数据成图及入库、质量检查、成果提交与归档等工作，其工艺流程见图6-1。

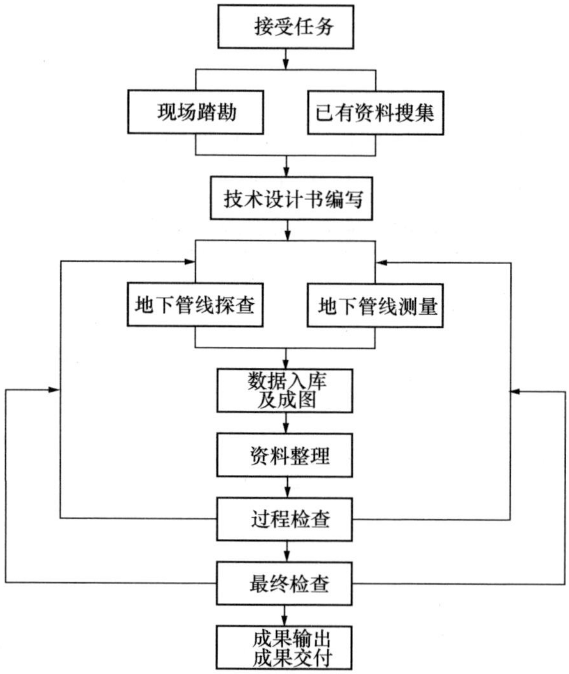

图 6-1　管线测绘工艺流程图

6.2　资料收集与分析

6.2.1　收集内容

(1) 测区范围内的平面和高程控制点点之记、成果表，用于控制测量、管线点测量的起算点及 RTK 测量的检测点；

(2) 测区范围内的相应比例尺的地形图；

(3) 测区范围内已有的地下管线图；

(4) 测区范围内管线的设计图、施工图、竣工图及其他技术说明资料。

6.2.2　资料分析

(1) 分析测区范围内的控制点起算基准、密度是否满足管线测绘的要求，分析成果可靠性、可利用程度，以及保存情况和点位变化情况；

（2）判定地形图现势性、精度是否满足管线测绘的要求；

（3）分析判断管线设计图、施工图、竣工图参考利用程度；

（4）分析作业区管线埋设情况、管线埋设密度等管线概况。

6.3　实地调查和管线探查

实地调查和管线探查为管线测绘过程中必不可少的两个组成部分。本节主要在实地调查和管线探查方面做一些常备知识的介绍，此外，针对管线探测中出现的问题进行了分类说明，解决了一部分疑难问题。

6.3.1　一般规定

1. 管线探查分类

管线探查一般分为明显管线点实地调查和隐蔽管线点仪器探查两种。明显管线点应采用实地调查和量测的方法获取其全面属性信息；隐蔽管线点应采用仪器探查的方式获取埋深、走向等有关属性数据。

2. 管线点要求

管线点包括管线特征点和附属设施（附属物）中心点。

管线点应设置在管线特征点、附属设施在地面的投影中心，或附属设施的中心。当管线进入非探测区时，应在非探测区的边界处设置管线点，管线点的特征记为“非普查”。在没有特征点的管线段上，视地下管线探测任务不同，管线点间距应符合下列规定：

（1）城市地下管线探测，直接按相应比例尺设置管线点，管线点间距应小于或等于 75m；

（2）厂区或住宅小区管线探测，宜按相应比例尺设置管线点，管线点间距应小于或等于 50m；

（3）施工场地管线探测，宜在现场按小于或等于 20m 间距设置管线点；

（4）当管线特征点与前后相邻管线点不在同一直线上且垂距大于 0.3m 时，按弧形管线探测，应在圆弧起讫点和中点上设置管线点；当圆弧较大或有不规则弯曲时，应适当加密管线点，其间距不应大于 40m。

3. 地下管线探查要求

地下管线探查应在充分搜集和分析已有资料的基础上，采用实地调查与仪器探查相结合的方法现场查明各种地下管线的敷设状况，即管线中心在地面上的投影位置、埋深和高程，同时，管线探查应查明地下管线规程中规定的调查项目，并应将各种管线的走向、连接关系、物探点号等标注在相应地形图或手绘草图上，形成探查草图交付地下管线测量工序使用。

需要特别说明：如供电管线规格为 1000×1500，其埋设方式既可能为管沟，也可能为管块或者管埋。根据《城市地下管线探测技术规程》（CJJ 61—2017）的要求，管沟要求量测内底埋深，管块和管埋要求量测外顶埋深，但在管线扯旗不标注埋设方式的情况下，作业、设计和施工人员无法辨别所标注埋深具体为管沟内底还是管块（管埋）外顶埋深。一般来说，除排水管线量测内底埋深外，其他种类管线均量测管线顶部埋深。其中，管埋、管块类管线量测外顶埋深，由于管沟盖板通常被覆盖，其外顶在实地不可见，因此对管沟，需量测其内顶埋深。

4. 物探点号编码要求

物探点号（管线点的外业编号）应由管线代号（小类代号）和管线点序号组成，管线点序号用阿拉伯数字标记。应保证同一管线探测项目内物探点号是唯一的。

5. 原始调查记录要求

一切原始记录，记录项目应填写齐全、正确、清晰，不得随意擦改、涂改、转抄。确需修改更正时，可在原记录数据内容上划"—"后，将正确的数据内容填写在其旁边，并注记原因，以便查对。

6.3.2 明显点实地调查

实地调查应查明地下管线的种类及材质。地下管线的大类、小类应按功能或用途区分。在实地调查时，应按管线类别分别调查其相应的属性项目，并应符合下列规定：

（1）燃气管道必须区分压力等级，依据《城市工程管线综合规划规范》（GB 50289—2016）的要求，按照燃气管道的压力 P 大小可将压力等级分为低压、中压和次高压：

低压　$P<0.01\text{MPa}$；

中压 B　$0.01\text{MPa}\leqslant P\leqslant 0.2\text{MPa}$、中压 A　$0.2\text{MPa}<P\leqslant 0.4\text{MPa}$；

次高压 B　$0.4\text{MPa}<P\leqslant 0.8\text{MPa}$、次高压 A　$0.8\text{MPa}<P\leqslant 1.6\text{MPa}$。

（2）热力管线竣工测量中热力管线必须区分一次网与二次网，其中一次网为从热源厂输送到换热站的管网，二次网为从换热站到住户间的管网。

在明显管线点上应用钢尺实地量测地下管线的埋深，单位用米表示，误差不得超过 0.05m。在各类井盖上设置明显管线点时，管线点的位置应设在井盖的中心。当地下管线中心线的地面投影偏离管线点，且偏距大于 0.2m 时，应以管线在地面的投影位置设置管线点，检修井作为管线附属物处理。对未覆土的管线（常见于竣工测量），其中排水管线可直接在管底定点，埋深标记为0.01m。如在管顶定点，埋深需标记为管径＋壁厚；除排水管线外，其他管线可直接在管顶定点，其中非管沟埋设的管线，埋深需标记为0.01m，对于管沟，埋深需标记为管沟的壁厚，并满足管沟类管线埋深量测的规定；架空的管线，若管顶（底）中心不易测量，可在管线地面投影位置设置管线点，并将埋深标记为负值，表示管顶（底）至管线点（地面）的落差。

泵站、调压站、变电站等管线附属的建（构）筑物应测至主设施位置，范围较大无法测至设施的可在建（构）筑物的几何中心以符号表示。入户点应真实表示，入户点与建（构）筑物标志符号间难以准确表示管线连接关系时可直接连线，并在管线属性的“备注”栏内标记“室内连线”。

排水管沟或自流的地下管道应量测其内底埋深，有压力的地下管道应量测其外顶埋深，直埋线缆和管块应量测其外顶埋深，管沟量测内顶埋深，埋深数据单位为米（主要原因是大部分管沟盖板厚度不能确定，无法量测到技术规程所要求的其外顶埋深）。

地下管道和管沟应量测其断面尺寸。圆形断面应量测其直径；矩形断面应量测其“宽×高”，单位用毫米表示。给水、热力、燃气等封闭式管道量测外径，排水、电力沟、综合管沟等开放式管道量测内径，电信、电力管块、套管的断面尺寸是外包尺寸（宽×高）。管块应查明总孔数和已用孔数，必要时还应查明总根数并按权属单位、材质、功能等统计根数。当圆形井直径或方形井最长边大于等于2.0m时，应在实地准确标记管线进出井室的位置，并应记录井室内管线的走向；井内中断的通道或管线可直接连线，也可借助井盖或井室中心点建立连接关系，并在管线属性“备注”栏中标记“井内连线”。当圆形井直径或方形井最长边小于2.0m时，上述内容可简化，但应保证管线探查精度满足本书的规定（即应在管线的真实交点或虚拟交点定管线特征点，而井盖作为偏心井处理）。

当管线探测成果用于三维精细建模时，除应采集常规信息外，还应按以下要求采集相关信息：

（1）所有井类管点均应实地量测井深，即地面至井底的深度；

（2）直径或最长边小于2m的井室，应将井室类型记录于井盖属性中；

（3）直径或最长边大于2m（含2m）的井室，应在井室地面投影的几何中心位置设置“井室中心点”（独立于井盖），并记录井室类型、井直径、井脖深、井脖尺寸、井底深。

施工区内缺乏明显管线点或在已有明显管线点上尚不能查明相关调查项目的，应邀请熟知本地区地下管线的人员参与调查或通过开挖进行实地调查和量测。管线探测中发现不明管线亦应进行探查。

6.3.3 隐蔽点仪器探查

1. 仪器要求

非电磁感应类管线探查仪器（如地质雷达、浅层地震仪、电阻率仪、磁力仪及红外热辐射仪等）应符合相应物探技术标准的要求。对新购置的、经过大修或长期停用后重新启用的仪器，在投入正式探查前应按说明书的要求进行全面检查和校正。

2. 地下管线物探方法的选择

隐蔽地下管线能使用物探方法进行探查应具备两个基本条件：一是被探查的地下管线与其周围介质之间有明显的物性差异；二是被探查的地下管线所产生的异常场有足够的强度，能从干扰背景中清楚地分辨出来。

探查金属管道和电缆应根据管线的类型、材质、管径、埋深、出露情况、地电环境等因素，按下列规定选择探查方法：

（1）金属管道宜采用直接法、夹钳法及电磁感应法探测；

（2）接头为高阻体的金属管道，宜采用频率较高的电磁感应法或夹钳法，亦可采用电磁波法，当探查区内铁磁性干扰小时，可采用磁场强度法或磁梯度法；

（3）管径（相对埋深）较大的金属管道，宜采用直接法或电磁感应法，也可采用电磁波法、磁法或地震波法；

（4）埋深（相对管径）较大的金属管道，宜采用功率（或磁矩）大、频率低的直接法或电磁感应法；

（5）电力电缆宜先采用被动源工频法进行搜索，初步定位，然后用主动源法精确定位、定深，当电缆有出露端时，宜采用夹钳法。

在盲区探查管线时，应先采用主动源感应法及被动源法进行搜索，搜索方法有平行搜索法及圆形搜索法，发现异常后宜用主动源法进行追踪，精确定位、定深。用管线仪探测水平定位时，一般是沿管线走向向前追踪，在不大于 50m（拐弯时以保证图上弧线特征并以不大于 50m 为原则）处定点，正反向读数，取极大值确定平面位置。用管线仪测定深度时，一般采用 70％法和直读法，并应符合下列规定：

（1）不论用何种方法定深，应先在实地精确定出定深点的水平位置；

（2）直读法定深时，应保持接收机天线垂直，结果应根据方法试验确定的定深修正系数进行深度校正。

区分两条或两条以上平行管道或电缆时，宜采用直接法或夹钳法，通过分别直接对各条管线施加信号来加以区分；在采用电磁感应法时，宜通过改变发射装置的位置和状态以及发射的频率和磁矩，分析信号异常的强度和宽度等变化特征加以区分。另外，采用直接法或充电法探查地下管线时，应保持良好的电性接触；接地电极应布设合理，接地点上应有良好的接地条件；采用电磁感应法探查地下管线时，应使发射机与管线处于最佳耦合状态，接收机与发射机保持最佳收发距；当周围有干扰存在时，应进行方法试验，确定减少或排除干扰的方法。

对于一些非金属管道亦可采用钎探方法进行探查，但应遵循以下安全保护规定：

（1）电信、电力、燃气管线严禁钎探。

（2）从事地下管线探测的作业人员，必须熟悉本工作岗位的安全保护规定，做到安全生产。

（3）在市区或道路上进行地下管线探测的作业人员，必须穿戴安全标志服，遵守城市交通法规。

（4）进入企业厂区进行地下管线探测的作业人员，必须熟悉该厂的安全保护规定，遵守厂规。

（5）对规模较大的排污管道，在下井调查或施放探头、电极导线时，严禁明火，并应进行有害、有毒及可燃气体的浓度测定。超标的管道要采取安全保护措施后才能作业。

（6）严禁在氧、燃气、乙炔等易燃、易爆管道上做充电点，进行直接法或充电法作业。

（7）使用大功率仪器设备时，作业人员应具备安全用电和触电急救的基础知识。工作电压超过36V时，供电作业人员应使用绝缘防护用品。接地电极附近应设置明显警告标志，并委派专人看管。雷电天气严禁使用大功率仪器设备施工。井下作业的所有电气设备外壳必须接地。

（8）打开窨井盖做实地调查时，井口必须有专人看管，或用设有明显标志的栅栏圈起来。夜间作业时，应有安全照明标记。调查完毕必须立即盖好窨井盖，打开窨井盖后严禁作业人员离开现场。

（9）发生人身事故时，除立即将受害者送到附近医院急救外，还必须保护现场，及时报告上级主管部门，组织有关人员进行调查，明确事故责任。

3. 地面管线点标志设置原则

（1）管线点均应设置地面标志，标志面宜与地面取平。选择何种地面标志（预制水泥桩、刻石、铁钉、木桩、油漆等）应根据标志需保留的时间长短和地面的实际情况确定。

（2）管线点地面标志埋置后应在点位附近用红色漆注出管线点编号，标注位置宜选择在明显且能较长时间（至少保存至验收后）保留的地方。

（3）当管线点的实地位置不易寻找时，应在探查记录表中注记其与附近固定地物之间的距离和方位，实地栓点，并绘制位置示意图。

4. 地下管线探查前的方法试验

地下管线探查前，应在探查区或邻近的已知管线上进行方法试验，确定该种方法技术和仪器设备的有效性、精度和有关参数。不同类型的地下管线、不同地球物理条件的地区，应分别进行方法试验。相关要求如下：

（1）完整性检查。

管线探测仪完整性检查主要包括下列内容：

1）仪器箱（包）是否完好；

2）仪器外壳有无破损；

3）仪器按（旋）钮是否完好、灵敏；

4）仪器显示屏是否显示正常；

5）仪器提示音是否正常；

6）仪器配件是否齐全、完好，与仪器连接是否正常。

（2）方法试验。

方法试验应在探查区或其邻近的已知管线上进行。通过方法试验确定管线探测仪在使用直接法、夹钳法、磁偶极感应法等方法时的最小收发距、最佳收发距、最佳发射频率和功率，并确定定位、定深的修正系数等。

通过方法试验确定有关参数的具体方法如下：

1）最小收发距。在地下无管线、无干扰的正常地电条件下，固定发射机位置，将发射机置于正常工作状态，接收机沿发射机一定走向，观测发射机场源效应的范围、距离。然后改变发射机功率，确定不同发射机发射功率的场源效应范围、距离。当正常探查管线时，收发距应大于该距离，即最小收发距。

2）最佳收发距。将发射机置于无干扰的已知单根管线上，接收机沿管线走向不同距离进行剖面观测，以管线异常幅度最大、宽度最窄的剖面至发射机之间的距离为最佳收发距。不同发射功率、不同工作频率及不同被探管线的敷设情况的最佳收发距不同，需分别进行测试。

3）最佳发射频率。固定最佳收发距及发射机功率，接收机在最佳收发距的定位点上，改变发射机频率进行观测，视接收机偏转读数及灵敏度来确定最佳发射频率。

4）发射功率。固定最佳收发距及发射频率，接收机在最佳收发距的定位点上改变发射机功率，视接收机读数满偏度及灵敏度来确定最合适的发射功率。

5）定位、定深修正系数。在正常地电条件下，选择能够直接量取管线（金属管线）平面位置及埋深的区域利用管线探测仪进行定位、定深。通过计算直接量取的数据和管线探测仪探测的数据的较差计算定位、定深修正系数。

6.3.4　针对不同地理环境的探查方法

1. 直线路段的探查方法

探查过程中应用管线明显点调查与隐蔽管线点仪器探测相结合的方式进行，探测过程中主要利用直接法、夹钳法和磁偶极感应法。首先通过明显点调查查明管线种类，部分管线通过明显点相连的方法可以达到精度要求，如排水、电信、电力等，对通过明显点调查无法确定其具体位置的管线进行仪器探查，如热力、给水、天然气等金属管类管线。

进行明显点调查结合仪器探查的同时，在垂直于道路中心线方向每 300m 利用磁偶极感应法对道路横断面进行一次盲探。探测方法为自道路一侧至另一侧每 2m 进行一次盲探，查明所有金属管线的分布情况，确定是否与明显点调查过程中所查明的金属管线位置埋深一致，若有不一致的情况出现，则进行针对性的复核。

通过明显点调查辅以仪器探测并结合横断面盲探的方法，可以达到管线探测的相关精度要求，同时不遗漏管线的目的。

2. 道路交叉口的管线探查方法

针对道路交叉口管线的分布特点，采用明显点调查结合道路盲探，多种管线探测仪器优势互补，参考已有管线资料以及管线权属单位调绘资料相结合的方式，最大限度地查清道路交叉口的管线位置、高程、埋深、管径、材质等数据。

道路交叉口分布的各类管线的检修井、出入地点、交接箱等明显点众多，且分布密集、无规律性，探查过程中，按照由已知到未知、由简单到复杂的探查原则，先针对分布较规律、明显点较多的排水、电信等管线查起，后探查管线分布较复杂、明显点较少的热力、燃气、给水等管线，探查过程中结合道路横断面盲探的方法，查明无明显点分布的其他金属管线。对于大埋深、大管径以及非金属管线，普通探测仪器无法满足探测精度要求，或探测无二次磁场反馈信号，则可使用地质雷达，采用高频率电磁波法进行探查。

部分路口还有可能有长输管线、国防光缆通过，其中长输管线不设置检修井等明显点，须在道路横断面盲探时仔细探查，国防光缆可能会借用电信、电力等管类通道，在管线调查时亦应仔细查看。

3. 管线密集区探查方法

针对分布管线多、管线建设年代久远、探测信号可能较差、道路路况差且车流量大的情况，管线探查过程中应仔细分析已有管线资料以及相关权属单位调绘管线资料，摸清老旧管线的大致分布情况，根据现场能够观察到的明显点进行核查，无明显点的管线进行盲探，以查明无出露点管线的分布与走向，根据调回资料与现场核查情况进行分析比对，发现有遗漏或不明确具体分布的管线应进行地质雷达探测，最终查明各类常规管线和特殊用途管线的具体平面位置、高程和埋深情况。

4. 加油站、加气站、中水站、泵站等重要基础设施周边管线探查方法

在进行加油站、加气站周边管线探查中，首先应查明加油站、加气站周边是否有输油、输气及工业管道分布，有分布则查明输油输气管道的具体敷设位置、埋设深度、管径以及供应来源等，无分布则查明加油加气站的地下储油储气装置的具体位置、建设基底高度等，以备日后设计阶段分析轨道线路施工中是否会对输油输气管道、储油储气装置产生影响。其次，对设施周边道路进行详细的综合管线探查。

在进行中水站周边的管线调查中，重点调查进出中水站的污水、中水管道以及中水设备建设情况。首先，应查明中水站的污水来源，即进入中水站进行污水处理的污水管道。其次，应查明中水站处理结束后的中水输出口，即输出中水的管道。最后，调查中水站内部设备的建设情况。以上工作进行完之后，对中水站周边市政道路其他管线进行综合管线探查。

6.3.5 针对不同类别管线的探查方法

1. 给水管线探查

给水管线分为原水管线、配水管线、消防水管线、中水管线、直饮水管线，大部分主干管材质为铸铁管，少部分为非金属材质 PE 管或混凝土管，支管大部分为 PE 管，少部分为铸铁管，市政道路上敷设的给水管线管径区间大部分在 100～600mm 之间，主要埋设方式为直埋，即开挖沟槽敷设完成后直接覆土。主干管上一般分布有阀门井等明显出露点，分支处一般设置分支井，另有消防栓等其他明显点。给水管道连接处一般放置胶皮垫以防漏水。埋深区间一般在 0.5～3m，特殊情况如路口处会采用顶管作业的方式，深度会在 4m 以上。

给水管线明显出露点较少，球墨铸铁管导电性较差，而且管道连接处放置胶皮垫也会阻断电磁信号的传播，因此给水管线探测过程中较为困难。一般采用灵敏度较高的 Verifer G2 探测仪，探测方法采用直接法和磁偶极感应法相结合的方式进行。

首先对明显出露点利用直接法对给水管道施加信号，信号传播过程中随着距离增大会随之衰减，在明显衰减处设置管线点，在设置管线点处利用磁偶极感应法继续向前追索，直至下一个明显点处验证。对于非金属给水管线，除利用明显点之外，还可利用地质雷达电磁波法进行探测定位，但一般信号较差、探测难度较大。

2. 热力管线探查

热力管线主要分为热水管线和蒸汽管线，热水管线为两根并行管道（分为供水和回水），蒸汽管线为单根管道（部分为另加小管径冷凝水管的双管建设）。材质大多为焊接钢管，极少数小管径热水管道为非金属 PVC 材质。市政道路上敷设的热力管道管径区间大部分在 108～1220mm 之间，主要采用的埋设方式为直埋，少数管道为出地后架空架设。主干管上分布有较多的阀门井、排气井、排水井等明显出露点，分支处一般设置阀门井。热力管道的连接方式一般采用无缝焊接的方式，埋深区间一般在 0.3～4m，特殊情况如跨河、跨路口处会采用顶管作业，埋深在 4m 以上。

热力管线阀门井较多，井内的阀门是最佳的直接法接口，而且管道接口处采用焊接的工艺，导电性良好，信号传播较远，采用直接法探测是最佳选择，个别地方采用磁偶极感应法验证。一般采用 Verifer G2、RD8000 探测仪都能满足探测精度要求。探测难度较小。

热力管线重要附属物设施有固支、补偿器、阀门、连通阀等，在野外能查明的应该标注在管线图上。

3. 燃气管线探查

燃气管线主要为门站向调压站的中压输气管线和由调压站向居民用户供气的低压管线。材质多为钢管，少部分为非金属 PE 材质。道路上敷设的燃气管线的管径区间大部分在 100～300mm 之间，主要埋设方式为直埋。主干管上分布有凝水缸、检修井等明显出露点，分支处一般设置分支阀门井。燃气管道的连接方式亦采用焊接的方式，埋深区间一般在 0.5～2.5m。

因燃气管道载体易燃、易爆，不宜过多采用直接法探测，管径较大（100mm 以上）宜采用磁偶极感应法，管径较小（100mm 以下）宜采用夹钳法探测。一般采用 Verifer G2、RD8000 探测仪都能满足探测精度要求。

燃气管线重要的附属物设施有凝水缸、放散阀、调压站（箱）、阴极保护（即牺牲阳极）等，在野外能查明的应该标注在管线图上。

4. 电力管线探查

电力管线主要为供电、路灯、交通信号设施及电车线路。其中，市政路灯管线以及路口处交通信号灯属于低压配电线路。电力管线材质多为金属铜线外包绝缘材料，市政道路建设时一般预留穿线通道，穿线通道分管沟与管块，管沟管大部分为 2000mm×2000mm（宽×高）通道，管块管径变化较大，一般有 300mm×200mm（3 行 2 列）、400mm×300mm（4 行 3 列）等。主干管上分布有检修井、出入地等明显出露点，分支一般在井内设置分支管道。管沟的埋深（沟顶）区间一半在0.5～3m，管块（管顶）埋深区间一般在0.5～3m。

电力管线的探测主要采用夹钳法、磁偶极感应法。为方便穿线施工，电力管线的检修井分布较为密集，主要探查工作为查明检修井内管线分布、走向及连接方向。部分管线通过检修井观察无法确定走向的，对其进行探测定位，电力管线探测信号连续性强，夹钳法、磁偶极感应法都能够满足探测精度，一般采用Verifer G2、RD8000探测仪进行。

5. 电信管线探查

电信管线主要为各电信运营商敷设的通信管线。主要电信运营商有中国移动、中国联通、中国电信以及济南本地电视台通信线、少量国防光缆等线路。管线材质为铜线或光纤，市政道路建设时一般预留穿线通道，穿线通道主要为管块，管块材质主要为PVC管。管块的管径变化较大，一般有300×200mm（3行2列）、600×300mm（6行3列）等。主干管上分布有检修井（人孔、手孔）、出入地等明显出露点，分支一般在井内设置分支管道。埋深区间一般在0.5～2.5m。

电信管线的探测主要采用夹钳法、磁偶极感应法。为方便穿线施工，电信管线的检修井分布较为密集，主要探查工作为查明检修井内管线分布、走向及连接方向。部分管线通过检修井观察无法确定走向的，对其进行探测定位，电信管线探测信号连续性强，夹钳法、磁偶极感应法都能够满足探测精度，一般采用Verifer G2、RD8000探测仪进行。

早期军用通信管线多采用直埋方式。近年在主城区，一般都迁入了电信运营商的通信管块内，有通信检修井可以控制，但在城市外围，还存在着军用通信直埋管线。

6. 排水（雨水、污水、雨污合流）管线探查

排水管线主要包括雨水管线、污水管线，极少量雨污混流管线。雨水管线主要功能为通过雨水篦收集雨水排入河道，大部分雨水管线为圆形混凝土管，少数为砖砌或石砌方沟。污水管线的主要功能为收集生活区、厂区排放的污水，最终汇入污水处理厂进行无害化处理。大部分污水管线目前采用HDPE、玻璃钢夹砂等防渗漏功能较好的材质。雨污水管线的管径区间一般在300～1200mm，少数流量较大的区段管径在1500mm以上。雨污水管线的主要埋设方式为直埋，部分设计深度较深开挖成本较高的路段采用顶管作业等方式进行。主要埋深区间为1～5m，顶管作业的埋深区间能够达到5～11m。

排水管线检修井分布较为密集，厂区、小区门口、路口等位置三通、四通分布较多。管线探查过程中一般通过观察检修井内管线的走向判断管线的连接关系，部分淹管排水管线可利用排水杆查明管线走向。当埋深较大无法查看时可通过敲击法，即通过敲击井盖并听取其他检修井内有无回声来判断管线的连接关系。

排水管线多为非金属材质，无法通过探测仪探测其管位、埋深。但大管径、埋深不大于 3.0m 时，可利用地质雷达辅助探测。

6.4　管线测量

地下管线测量工作内容主要包括控制测量和管线点测量。地下管线测量应在收集、分析已有的控制点和地形图资料的基础上进行。

6.4.1　控制测量

控制测量包括平面控制测量和高程控制测量。

1. 平面控制测量

管线测量平面控制点布设一般为二级、三级和图根。平面控制测量宜优先采用卫星定位动态测量方法；不具备条件的地方，可采用导线测量等方法进行布设。采用卫星定位动态测量方法进行控制点测量，具体技术要求及作业方法参考 1.3.2 节。采用导线测量方法测量平面控制点，具体技术要求应符合《城市测量规范》（CJJ/T 8—2011）第 4.4 节导线测量的相关规定。

2. 高程控制测量

地下管线测量的高程控制一般为图根高程控制。通常选用水准测量、卫星导航定位实时动态测量的方法进行图根高程控制测量，必要时可布设四等水准控制网。高程基准采用 1985 国家高程基准。

GNSS 高程测量施测图根控制点高程宜与 GNSS RTK 平面控制测量同步开展，具体技术要求及作业方法参考 1.3.2 节。

当采用图根水准测量的方式施测图根控制点高程时，应起闭于不低于四等水准精度的高程控制点上，可沿图根控制点布设成附和路线、闭合环或结点网。对起闭于一个水准点的闭合环，应先进行该点高程正确性的检测。附和路线或闭合环线长度不大于 8km，结点间路线长度不大于 6km，支线长度应不大于 4km，应使用不低于 DS10 级的水准仪（i 角应小于 30″），并按中丝读数法单程观测，支线应往返测，估读至毫米（mm）。仪器至标尺的距离不宜超过 100m，前后视距宜相等；路线闭合差应不大于 $40\sqrt{L}$（mm），L 为路线长度（单位为千米）。

四等水准测量的技术要求可参考《国家三、四等水准测量规范》（GB/T 12898—2009）。

6.4.2 地下管线点测量

1. 工作内容

管线点就是在调查或探查工作中设立的测点，一般要在地面设置明显标志并编写物探点号。为了正确表示地下管线探查的结果，便于地下管线测量工作进行，在探查或调查工作中设立的测点统称为管线点。

管线点包括线路特征点和附属设施（附属物）中心点，可分为明显管线点和隐蔽管线点两类。明显管线点一般是地面上的管线附属设施的几何中心，如窨井（包括检查井、检修井人孔和手孔等）井盖中心、管线出入地点（上杆、下杆）、电信接线箱、消防栓等。隐蔽管线点一般是地下管线或地下附属设施在地面上的投影位置，如变径点、变材点、三通点等。

管线点测量就是对管线点的地面标志进行平面位置和高程测量，获取每一个管线点的三维坐标（X，Y，H），并提供管线点测量成果。

管线点测量在控制测量和管线点探查作业完成后进行，可独立进行，也可与地形（带状地形）测量同步进行。测量人员根据探查人员提供的探查草图（图上标注有管线点的概略位置、物探点号、管线走向及连接关系等，作为开展管线测量的依据和引导图），实地采集管线点坐标。

2. 外业测量

地下管线点测量目前较为常用的方法是全站仪极坐标法和 GPS RTK 法。

在测区上空较为空旷且具备测量条件的前提下，可直接利用 GNSS 网络 RTK 技术施测管线点平面位置和高程，具体的技术要求可参考《卫星定位城市测量技术标准》(CJJ/T 73—2019)。

采用全站仪极坐标法同时测定管线点坐标与高程时，测距长度不应大于 150m，测距边长不得大于定向边长。仪器高和砚牌高量至毫米。在进行管线点测量时必须随时检查跟踪杆气泡状态，保证气泡的居中。并且在测站移动后，应重复检测上次测站所测定的一定数量的数据作为检核。观测前，应对后视点进行定向检测，检测坐标与定向点坐标之间的较差需满足平面坐标分量不大于 2cm，高程不大于 3cm，方可进行管线点测量。如采用 RTK 进行管线点测量，在测量前，需至少检测一个已知控制点，在满足要求的前提下，方可进行管线点的测量。

每天测量作业完成后，应及时将数据传入计算机中，并以日期为文件名保存原始数据。

6.4.3 地下管线竣工测量

管线竣工测量的主要工作内容是管线调查和管线测量、资料整理。新建地下管线竣工测量应在覆土前进行。当不能在覆土前施测时，应在覆土前设置管线待测点并将设置的位置准确地引到地面，做好点之记。作业方法和步骤如下：

（1）管线竣工测量应采用解析法进行。

（2）在覆土前应现场查明各种地下管线的敷设状况及在地面上的投影位置和埋深，同时应查明管线种类、材质、规格、载体特征、电缆根数、孔数及附属设施等，绘制草图并在地面上设置管线点标志。

（3）管线点宜设置在管线的特征点或其地面投影位置上。管线特征点包括变材点、变径点等。在没有特征点的管线段上，宜按相应比例尺设置管线点，管线点在地形图上的间距≤75m；当管线弯曲时，管线点的设置应以能反映管线弯曲特征为原则。

6.5 数据处理与建库

管线数据处理主要是对外业采集的原始数据进行成图并入库，形成管线工程图、管线成果表、数据库及元数据等成果文件。

6.5.1 管线工程图编绘

管线工程图采用相应软件在计算机上进行编绘，编绘工作主要包括：比例尺的选定、地形图编绘、管线图编绘、图形叠加整饰、成果输出等。

管线工程图中主要包括管线图、1∶500地形底图、地下管线探测说明、图签等。

将编辑好的管线图叠加在1∶500地形图上（为了突出显示管线要素，一般把地形图变灰）就得到了基本的管线工程图，得到的管线工程图应注意对压盖部分进行管线标注的移动。此外，工程图中需添加地下管线探测说明，在探测说明中填写管线图示的解释说明与管线探测的限制情况，重要管线如天然气管线等在探测过程中无信号也需在图中单独添加标注予以说明。图签介绍图上信息的概况，包括图名、比例尺、高程系统、测绘时间、测量员、检查员等。

6.5.2 管线成果表导出

地下管线成果表的导出应以绘图数据文件及地下管线调查记录、地下管线的探测成果为依据进行。管线成果表应按给水、排水、燃气、热力、电力、电信、工业、综合管廊、不明管线等进行区分。管线成果表中的数据项内容应完整、正确。

6.5.3 数据库建立

城市地下管线探测应保证数据的完整性、现势性和准确性。管线数据库中的数据表包含管点数据表、管线数据表。地下管线数据库一般采用 Microsoft Access 2003 及以上版本生成的 *.mdb 文件进行存储。

第 7 章　人民防空工程调查测绘

本章主要介绍人民防空工程调查测绘的基本内容与要求，为已建人民防空工程建设、维护等管理过程中的调查巡查、测绘等工作提供参考。

7.1　概　　述

人民防空工程调查测绘主要包括技术准备、调查测绘、数据整理、质量检查与质量评定、成果验收与提交等过程。对人民防空工程调查测绘项目，应根据项目委托方要求，收集相关资料，进行现场踏勘，编写项目设计书。人民防空工程调查测绘项目完成后，应根据相关技术标准和项目委托方要求，整理成果资料，编写项目总结。

7.2　人民防空工程调查

人民防空工程调查内容包括人民防空工程建设管理基本情况、人民防空工程设备和人民防空工程设施的属性信息。

现状调查应包括下列工作：

（1）资料收集；

（2）工作底图编绘及设备记录表、设施记录表准备；

（3）现状调查；

（4）调查成果整理等。

当现状调查中遇到难以进入的人民防空工程并需要对其进行调查时，应在充分收集分析已有资料的基础上，采用实地调查和地球物理探查相结合的方式进行调查。

7.2.1　资料收集

人民防空工程调查前，应对人民防空工程所在区域已有各种资料进行收集和分析，为制作调查底图和编写调查报告做准备。宜收集调查区域内的下列资料：

（1）已有的控制成果资料和地形图资料；

（2）人民防空工程开发、利用和管理的各种规划成果；

（3）人民防空工程档案资料，包括审批档案、设计图纸、施工图纸以及相应的技术说明资料；

（4）人民防空工程的竣工图、竣工测量成果资料及技术说明；

（5）地下管线库、城管部件库等已建成数据库中涉及人民防空工程的数据资料；

（6）已有的各种物探方法试验资料、探测误差统计与开挖验证资料等。

7.2.2 工作底图编绘

在对收集的资料进行分类整理的基础上，应根据技术设计编绘人民防空工程调查工作底图。

工作底图编绘应符合下列规定：

（1）所用工作底图比例尺不宜小于1∶500；

（2）应在工作底图上通过不同颜色、线型等方式清晰表达人民防空工程设备设施的空间位置、预编号、属性信息等。

7.2.3 现状调查

对人民防空工程所在区域进行地形图测绘，重点表示工程上方及周边的山体情况、地面道路、河流、建筑物、构筑物等其他可能对工程主体结构和使用造成影响的地物。

根据已有资料，调查核对人民防空工程调查基本信息和调查专题信息。

调查核准人民防空工程设备的空间位置和属性信息，根据调查结果，对人民防空工程设备进行编号并填写人民防空工程设备设施信息表。

人民防空工程调查时应对工程的设备设施进行拍照记录。照片应按单元和口部进行编号并按编号对其进行命名。人民防空工程现场调查照片拍摄要求为：

（1）照片应清晰准确、真实完整，并记录拍摄时间、地点；

（2）照片文件为JPG格式，大小宜小于3 MB，照片像素不低于1024×768；

（3）每个部位或设备照片原则上不超过3张。

7.2.4 成果整理

调查结束后，应进行成果整理和信息核对，填写人民防空工程调查基本信息表、人民防空工程调查专题信息表、人民防空工程设备设施信息表。另外，结合收集的工程资料，应对外业调查信息进行核对，对信息不全或不确定的情况，应补充调查。

根据人民防空工程现状绘制人民防空工程内部空间布局示意图，示意图应反映防护区外轮廓、防护单元划分。

7.3 控制测量

人民防空工程测绘的控制测量可分为地面控制测量、联系测量和地下控制测量。控制测量作业前应进行踏勘，并搜集测区已有的地形图、设计图资料及控制点成果，了解人民防空工程地面、地下的联系通道及其位置以及人民防空工程的整体分布状况等。

控制测量应提交的主要成果包括控制点点之记及分布图、坐标和高程成果表、技术总结等。

7.3.1 地面控制测量

地面平面控制测量可采用卫星定位测量控制网、导线及导线网等方法，卫星定位测量控制网、导线及导线网等级依次为三、四等和一、二、三级，技术要求应符合《工程测量规范》GB 50026—2007 的规定。

地面高程控制测量可采用水准测量、电磁波测距三角高程测量、GPS 拟合高程测量的方法，精度等级不低于五等，技术要求应符合 GB 50026—2007 的规定。

地面控制点宜布设在邻近人民防空工程的地面出入口或其他地面与地下联系处。平面控制点数不应少于 3 个，每个控制点至少应与另一个控制点通视；高程控制点数不应少于 2 个。当已有地面控制点可满足人民防空工程测量需要时，可直接利用。

7.3.2 联系测量

当需要建立人民防空工程测量成果与地面测量成果间的关联、使地面与地下的平面坐标系统及高程基准保持一致时，应进行联系测量。联系测量可分为向地下传递坐标与方位角的平面联系测量和向地下传递高程的高程联系测量。联系测量可根据现场作业条件选择合适的方法。对大型和精度要求高的人民防空工程测绘项目，应采用两井定向、一井定向测量、斜井直接传递三种方法进行平面及高程传递，提高成果的精度和可靠性。

1. 平面联系测量

当可通过楼梯、车道或斜井等通道进行联系测量时，宜采用导线测量直接传递。当需要利用竖井进行联系测量时，可采用投点定向测量或陀螺全站仪测量等方法。

利用全站仪导线测量直接传递坐标及方位应符合下列规定：

（1）地面与地下布设为一条导线并进行整体平差；

（2）地面及地下联系段的测站应进行左右角观测；

（3）应两次独立测量地下定向边的方位角值，其互差不大于 30″；

（4）当垂直角大于 30°时，应采用具有双轴补偿的全站仪，无双轴补偿时应进行竖轴倾斜改正；

（5）仪器和觇牌安置宜采用强制对中或三联脚架法；

（6）测回间应检查仪器和觇牌气泡的偏离情况，必要时应重新整平；

（7）导线边长应往返观测。

采用陀螺全站仪进行陀螺定向测量应符合下列规定：

（1）所用陀螺全站仪定向精度应不低于 15″，铅垂仪的精度应不低于 1/40000；

（2）地下定向边陀螺方位角应独立进行三次测量，每次应测三测回，测回间陀螺方位角较差应小于 20″，三次定向陀螺方位角较差向小于 12″，三次定向陀螺方位角平均值中误差为±8″。

2. 高程联系测量

当可通过楼梯、车道或斜井等通道传递高程时，宜采用水准测量或电磁波测距三角高程测量；当需要通过竖井传递高程时，可采用悬挂钢尺法。采用电磁波测距三角高程测量时，可与导线测量直接传递作业同步进行。采用水准测量或电磁波测距三角高程测量进行高程联系测量时，应按地下高程控制测量的等级实施水准测量或三角高程测量作业。

采用悬挂钢尺法通过竖井传递高程时，应符合下列规定：

（1）地下传递点作为地下高程控制测量的起算点，应不少于两个；

（2）钢尺上应悬挂与该钢尺检定时相同质量的重锤；

（3）地面和地下安置的两台水准仪应同时读数；

（4）应独立观测三测回，测回间应变动仪器高，各测回测得的地上、地下水准点间高差较差应小于 3mm，并取其中数作为高差值；

（5）应对所测高差进行温度、尺长改正；当井深超过 50m 时，还应进行钢尺自重张力改正，垂球末端增加稳定剂。

7.3.3 地下控制测量

地下控制测量包括平面控制测量和高程控制测量，其精度等级应根据人民防空工程测量的任务要求选择。通过联系测量传递到地下的坐标、方位、高程应作为地下控制测量的起算数据。地下平面控制点和高程控制点的标志及其埋设，应根据人民防空工程的情况确定。标志应埋设坚固，便于使用和保存。

1. 地下平面控制测量

地下平面控制测量宜采用导线测量方法进行，精度等级不低于图根级，技术要求应符合 GB 50026—2007 的规定。地下导线可根据人民防空工程的布局及范围布设。地下导线可附合于地上导线。地下导线可同级附合一次。地下导线无法布设附合导线时，可布设支导线。布设支导线时，应测定左右角，边长应往返观测两个测回。

当人民防空工程范围大、连通性好时，可分区布设导线。当布设的地下导线网形复杂或超长过多时，应组成结点网进行平差计算。

人民防空工程有出入口的，导线宜经由出入口布设，也可通过联系测量方式进行地下导线的定向测量。

地下导线测量中，导线边长可适当缩短，但导线边数不宜超过 12 条，超过时其测角精度应提高一个等级，且成果精度指标应符合相应等级的要求。导线相邻边长之比不宜超过 1∶3。当地下导线或支导线超长时，宜在导线中间或支导线距起点 2/3 处采用陀螺经纬仪加测方位角。

2. 地下高程控制测量

地下高程控制测量可采用水准测量或电磁波测距三角高程测量，精度等级不低于图根级，技术要求应符合 GB 50026—2007 的规定。

图根级水准测量可利用导线点布设成附合路线或闭合环，路线应起迄于不低于四等的高程点，附合路线或闭合环线长度不应大于 5km，附合路线或环线高程闭合差应不超过 $40\sqrt{L}$mm（L 为路线长度，单位为 km）。当条件困难时，可布设图根水准支线，图根支线长度不得大于 2.5km，且应往返观测。图根级水准测量的作业要求应符合 GB 50026—2007 的规定。

图根级三角高程测量可使用全站仪进行观测，路线应起迄于不低于四等的高程点上，边数不宜超过 12 条。附合路线或环线高程闭合差应不超过 $40\sqrt{D}$mm（D 为测距边长，单位为 km）。图根级三角高程测量的作业要求应符合 GB 50026—2007 的规定。

7.4 人民防空工程测绘

7.4.1 人民防空工程测绘概述

人民防空工程测绘可在现状调查、人民防空工程竣工验收或其他时点进行。人民防空工程测绘前应收集测区已有控制和地形资料，对缺少控制点和地形图的测区，基本控制网的建立和地形图的施测以及对已有控制和地形图的检测和修测均应按行业标准《城市测量规范》（CJJ/T 8—2011）的有关规定执行。

现状测绘应测定各类人民防空工程的特征点、线的坐标和高程，并绘制人民防空战时平面图、人民防空工程总平面图和人民防空工程剖面图。根据需要，可建立人民防空工程三维模型。

人民防空工程总平面图根据特征点、线测量成果绘制，或利用收集的符合要求的资料编绘，着重突出人民防空工程的形状、位置、覆土厚度等信息。人民防空工程总平面图可利用人民防空工程战时平面图与地面地形图进行叠加生成，对多层人民防空工程，应分层表示。人民防空工程总平面图的图式表达应符合《国家基本比例尺地图图式　第 1 部分：1∶500 1∶1000 1∶2000 地形图图式》(GB/T 20257.1—2017) 的规定，必要时可依据其确定的规则增加新的图式符号。平面图的比例尺一般为 1∶500。

7.4.2　平面位置数据线采集

人民防空工程数据采集应根据工程特点测量工程的起点、终点、转折点、交叉点、变坡点、断面变化点、材料结构分界点等特征点及细部尺寸。对于人民防空工程部分难以测量的区域，可以参考利用设计数据并加以说明。

特征点的平面位置可采用全站仪极坐标法或交会法测定。当现场空间狭小或作业困难时，可使用专门测量工具或采用几何作图法进行测量。特征线可通过测定其起点、终点、拐点、折点、交叉点、变坡点、断面变化点、材料结构分界点等特征点来进行。当线状目标发生转折或呈曲线状时，应以能表示其真实形态为原则加密测定特征点。在人民防空工程外轮廓点无法测绘的情况下，外轮廓点坐标可根据实测内角点和设计数据确定。人民防空工程特征点相对于邻近控制点的点位中误差不应大于实地 0.15m，困难地区可放宽 0.5 倍。

战时平面布局测量，应对照防空地下室建筑施工图纸，测量防空地下室已建成防护结构的主要特征点，对于临战砌筑、平时未建的防护结构，应对照战时建筑施工图核对附属墙体主要特征点。

人民防空工程竣工验收测量时，除对人民防空工程特征点进行采集之外，应对人民防空工程的面积进行实测并计算检核是否符合规划审批文件的规定。

7.4.3　高程及高度数据采集

特征点的高程以及室内地坪高测量宜采用电磁波测距三角高程测量。高度测量可采用手持激光测距仪对室内净高进行采集，每个高度测量要素点分别观测、采集记录两次，两次测量值的较差应满足较差小于 50mm，最终值取用平均值。内业计算出防空地下室室内地坪高及净高，单位取至厘米。人民防空工程高程注记点相对于邻近控制点的高程中误差不应大于 25mm；高程注记点平均间距宜为图上 30mm，特征拐弯处、变坡处等需加注高程注记点，困难地区可放宽 0.5 倍。

7.5　数据处理

人民防空工程测绘数据处理包括图件编制、成果表编制、人民防空工程建筑面积计算等。

7.5.1　图件编制

人民防空工程图件编制包括人民防空工程总平面图、人民防空工程战时平面图、人民防空工程剖面图、人民防空工程建筑面积图等。

1. 人民防空工程总平面图

人民防空工程总平面图应完整表示人民防空工程地下空间的轮廓。成果编辑具体要求如下：

（1）内业编辑应按照 GB/T 20257.1—2017 和 CJJ/T 8—2011 相关要求、规定绘制。

（2）人民防空工程要素应叠加在人民防空工程地形图上，体现人民防空工程与地面主要地物的相互位置关系。

（3）人民防空工程总平面图需体现的人防要素主要有：人民防空工程地下空间外轮廓；人民防空工程地下空间的出入口、单独通往地面的风口和排烟口；人民防空要素必要的名称及说明性注记；其他需体现的人防要素。

（4）对于有多层地下空间的，人民防空工程轮廓线应在人民防空工程总平面图逐层表示。

2. 人民防空工程战时平面

以调查获得的人民防空工程内部空间布局示意图为依据，结合测量得到的人防设施坐标数据编绘人民防空工程战时平面图。

3. 人民防空工程建筑面积图

人民防空工程建筑面积图中应标注出人民防空工程的建筑面积、使用面积、口部外通道面积、防护面积等，并图示各类面积计算范围。

4. 人民防空工程剖面图

人民防空工程剖面图应选择合适的剖面位置，能清楚表达整个人民防空工程的内部坡度变化情况。

7.5.2　成果表编制

人民防空工程成果表包括人民防空工程面积计算成果表和人民防空工程边界点成果表。

1. 人民防空工程面积计算成果表

人民防空工程面积计算成果表应体现人民防空工程范围内的各功能区面积、单元面积、总面积等信息。

2. 人民防空工程面积计算成果表

人民防空工程边界点成果表包含人民防空工程外轮廓以及外轮廓内非人防区域连线折点、特征点的坐标。

7.5.3 人民防空工程建筑面积计算

人民防空工程建筑面积包含防护单元建筑面积和口部外通道面积。

1. 防护单元建筑面积

防护单元建筑面积系指与第一道防护门（防密门、防爆波活门）相连接的临空墙、外墙外边缘或防护单元隔墙中线形成的建筑面积。在防护单元内，战时无法使用且仅供平时使用的设备房间不计入防护单元建筑面积。防护单元建筑面积由防护单元口部面积、辅助面积、掩蔽面积、结构面积四部分组成，各部分面积测算原则如下：

（1）口部面积是指口部房间、防毒通道、密闭通道所占用的净面积；

（2）辅助面积是指防护单元最后一道密闭门（战时汽车库内为防护密闭门）以内的生活设施、设备设施等辅助房间［如厕所、风机房、泵房、水库（箱）及楼梯间等］所占用的净面积；

（3）掩蔽面积是指供人员、物资、车辆使用的有效面积，其值为防护单元建筑面积扣除结构面积、口部面积、辅助面积后的面积；

（4）结构面积是指墙、柱等结构所占的面积。

2. 口部外通道面积

口部外通道面积按以下原则进行测算：

（1）战时主要出入口设在汽车坡道内或位于普通地下工程内时，通道的计算宽度为战时同时使用的出入口的防护门（第一道防密门）宽度之和的最大值，通道的计算长度为汽车坡道中线水平投影长度或战时通行路线的最短距离，宽度与长度的乘积为口部外通道面积；

（2）战时作为主要出入口使用的室内楼梯间面积应计入口部外通道面积；

（3）位于地面建筑地下室内直通且独立为防空地下室战时使用的次要出入口应计入口部外通道面积；

（4）独立为防空地下室战时使用的通风竖井、物资提升井、设备吊装井、位于室外的楼梯式出入口及其附属通道应按照自然层计入口部外通道面积；

（5）汽车坡道的敞开段部分不计入口部外通道面积。

第 8 章　土石方工程测量

在工程建设中，土方量工程是一个不可缺少的环节。为保证工程的顺利进行，在工程施工中，必须快速、准确地拿出一套最合理、有效且各方认可的土石方工程量计算方案。本章主要对土石方工程的数据采集及数据处理两大方面进行介绍，并分析土石方工程量计算的几种常见方法。

8.1　数据采集

8.1.1　现场踏勘

现场踏勘主要包括以下几个方面的内容：

（1）现场交通情况、测区地形地貌及复杂程度、测区大小等；

（2）周边建筑物或场所是否对测量有影响，确定选取什么样的测量方法更好；

（3）现场是否有淤泥，测量时是否需要雨鞋等。

总之，全面了解现场情况，把对报价和将来的施工的影响因素都考虑全，综合确定最佳测量方案。

8.1.2　数据采集基本要求

（1）根据计算原理，必须按地形地貌特征取点，特别是地势变坡坡底线、陡坎边线、梯田台地边线等，坎上坎下高程都应采集，测点过程中应绘制地形草图，并做好必要的记录。另外，采集点间距不宜大于计算要求的网格间距或设计要求，地形变化处应加密碎部点。

（2）对不易测点地方做详细文字描述，以备追加测点。

（3）水池、塘、稻田、旱田等应采集泥面高程及其周边的高程。

（4）建（构）筑物应采集其周边高程及地坪高程。

（5）其他影响土石方量的地形、地物均应测量，以控制其范围和高程。

8.1.3　传统测量方法

1. 全站仪法

此方法和普通的 1∶500 地形测量碎部点采集基本一样，主要步骤有：布设控制点；利用全站仪进行外业数据采集等。在利用全站仪施测时要特别注意每站施测前都应对控制点数据（x、y、h）进行检校，并应随时对已测过的明显地物点进行检测（即测量重合点），以加强校核、避免错误。仪器设置及测站定向检查具体要求如下：

（1）设置在测站点位上的仪器对中误差不大于5mm。仪器高和觇标高（棱镜中心高）应准确量取至毫米。

（2）在测站上应以较远的一测站点（或其他控制点）标定方向（起始方向），另一测站点（或其他控制点）作为检核，算得检核点的平面及高程较差均不应大于0.10m。

（3）每站数据采集结束时，应对标定方向进行检测，检测结果如果超过上述限差，检测前所测的碎部点必须全部重测。

采用该种方法的优点如下：

（1）适用于地势起伏较小、较平坦、人员易到达、面积不是太大的测区；

（2）采集过程可控，所测即所得；

（3）基本能反映测区的地形地貌情况；

（4）数据量较小，便于后期的数据处理及计算。

采用该种方法的缺点如下：

对于测区地势起伏较大、人员行走困难的测区（如拆迁区、杂草丛生的乱掘地、采石场等），采用该方法，效率较低；由于测点有限，不能完全真实地反映测区的地形地貌情况。

2. GPS法

对于已经建立网络CORS系统的地域，如测区开阔且观测条件较好，可采用网络RTK测量模式进行外业数据的采集，具体观测要求如下：

（1）应采用带圆气泡的对中杆进行测量。

（2）具体技术要求应符合第1章表1-3、表1-4中关于碎部测量的规定。

（3）作业前后应进行已知点检核。在同等级或者高等级控制点上检核，平面位置及高程较差均不应大于50mm。

采用该种方法，除兼有全站仪法的上述优点外，主要优点为不用布设控制点，而且可以单人作业，效率相对全站仪法有所提高。

该种方法的缺点基本和全站仪法的缺点一样。

8.1.4 三维激光扫描仪法

三维激光扫描技术又称作实景复制或高清晰测量，是当今最先进测量技术的体现之一。它利用激光测距的原理，通过记录被测物体表面大量密集点的三维坐标、反射率和纹理等信息，可快速复建出被测目标的三维模型及线、面、体等各种图件数据。

三维激光扫描系统包括获取数据的硬件和处理分析数据的软件。硬件用于现实数据的采集；软件则用于对数据采集的控制、原始数据的拼接、建模、纹理贴图、线画图件提取和数据发布等。

相比传统测量方法，采用该种方法的主要优点如下：

（1）数据采集速度快（每秒达百万级的数据采集量），密度大（点间距可达毫米级），可以最大限度地保留土方表面起伏的细节，使计算结果具有接近真实值的精度水平。

（2）非接触式测量，无须作业人员达到待测点位，仪器架设简便，外业人员工作强度大大减小。

（3）主流扫描仪均可生成三维可视化模型，可供三维浏览和编辑点云数据，在应对需求变更或成果面临争议时，能进行二次操作并提供直观的展示，具有很高的灵活性和可信度。

（4）该种方法尤其适用于大面积堆积物（如煤堆、土堆、矿石堆、垃圾堆等）的方量计算。

8.1.5　无人机倾斜摄影测量法

倾斜航空摄影是利用倾斜航空相机获取地物信息的一种新型航空摄影方式。倾斜摄影测量能得到高精度高分辨率的数字表面模型 DSM，充分地表达地形地物起伏特征，能同时输出具有空间位置信息的三维模型数据，三维模型数据可进行量测。而且，无人机具有机动、灵活、快速、经济等特点，以无人机作为航空摄影平台能够快速高效地获取高质量、高分辨率的影像数据。

倾斜摄影测量技术通常包括影像预处理、区域网联合平差、多视影像匹配、DSM 生成、真正射纠正、三维建模等关键内容。

相比传统测量方法，采用该种方法的主要优点如下：

（1）非接触式测量，数据采集速度快，能够真实再现测区的地形地貌情况，所有细节清晰可见。

（2）生成的三维模型数据每点都有三维坐标，具备可量测性，可根据具体需求和采样间隔提取所需数据。

（3）该种方法可适用于各种复杂地形，尤其对于人员不宜行走的拆迁区和杂草丛生的乱掘地，以及带状线型工程，更能体现该方法的高效和优越性。

8.2 土石方常用计算理论方法

8.2.1 断面法

在碎步测量的平面图或者是数字地形图上，根据土石方的计算范围，将场地划分为若干个横截面，这些横截面需要的是相互平行且间距相等（当精度要求不高时，可酌情根据已有地形图来确定断面；当精度要求较高时，则须实地测量以确定断面）。依据所绘制的断面图将所取的每一个断面划分成为若干个梯形或者三角形，计算每条断面线相互所围成的面积，用每相邻两个断面的面积取平均值然后乘以横断面的间距，得出结果为每相邻两个断面间的体积，将各个相邻断面的体积相加得出总体积。这种方法被称为断面法。

断面法土方计算主要用在道路、河道等线型工程的土方计算，对于特别复杂的地方可以用任意断面设计方法。鉴于断面法在计算时受诸多条件的限制，其计算精度与可靠性均难以评价，地形起伏变化较大且在断面间不规律变化时，比较复杂，计算难度大。

8.2.2 方格网法

将场地划分为若干个具有一定间距的正方形方格，在格网点测定点位高程，对每一格网面按四角高程的平均值计算土方。挖填方宜分别冠以“－”“＋”号以示区别，然后分别计算每一方格的挖填土方。将挖填方所有方格计算的土方汇总，即得场地挖方和填方的总土方量，如图 8-1 所示：

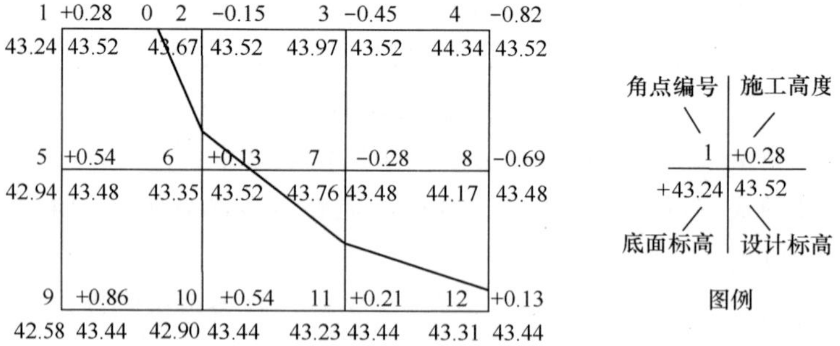

图 8-1　方格网样例

这种传统方格网的计算精度不高。首先绘制方格网，如果土方量计算的面积为不规则边界的多边形，那么在面积进行计算时，先判断方格网中心点是否在多边形内。如果在多边形内，则要计算该格网的面积，否则可以将该格网面积略去。它适用于设计面为平面、斜面的，地形比较平缓且测区边界比较规则的地段。

8.2.3 DTM法

DTM即数字地面模型，是地貌形态的离散表示，地表的任一特征内容均可视为DTM特征，以高程为特征值的DTM也称为数字高程模型（DEM）。DEM的数据主要由不规则的三角形格网组成。数字形式 X、Y、Z 坐标来表达区域内的地貌形态是DTM的特点，然后用微缩的形式重现了地表形态的起伏和变化特征，更加精确直观、形象。

DTM法也可称为不规则三角网法，是直接利用测区内所有地形特征点，构造出邻接三角形组成的网状结构。不规则三角网的每个核心基本单元就是不规则三角形的三个顶点坐标，这些坐标完全是由实地测量得到的。由于实地观测时是由地形决定的，一般是平面位置的转折点或地形坡度的变换点，这就使得离散点在相关区域中形成非规则形状的三角形。

土方量实际上就是原始地表与设计地表（或者某一期开挖后的地表）之间的体积值，所以我们只需建立两个地表的不规则三角网模型数据，然后根据这两个不规则三角网模型数据的差即可求出土方量。

该方法的主要优点如下：

（1）三角网中的点和线的分布密度和结构完全可以与地表的特征相协调，直接利用原始资料作为网格结点，不改变原始数据和精度；

（2）能够插入地性线以保存原有关键的地形特征，以及能很好地适应复杂、不规则地形，从而将地表的特征表现得淋漓尽致。

8.3 南方CASS土方计算

南方CASS软件是目前测绘从业者使用比较广泛的软件之一，其使用简便、直观，易于上手。本节以CASS 10.1版本为基础，对其常用的土方计算功能进行介绍。

8.3.1 三角网的建立

在软件的等高线菜单中有建立三角网的功能，如图8-2所示，该功能支持由数据文件生成或者由图面高程点生成的两种模式构建三角网。在构建三角网的过程中还要考虑陡坎及地性线的影响。对于自动构建的三角网不满意或者不满足要求，还可以通过等高线菜单下的删除三角形、增加三角形、三角形内插点等功能进行优化修改。

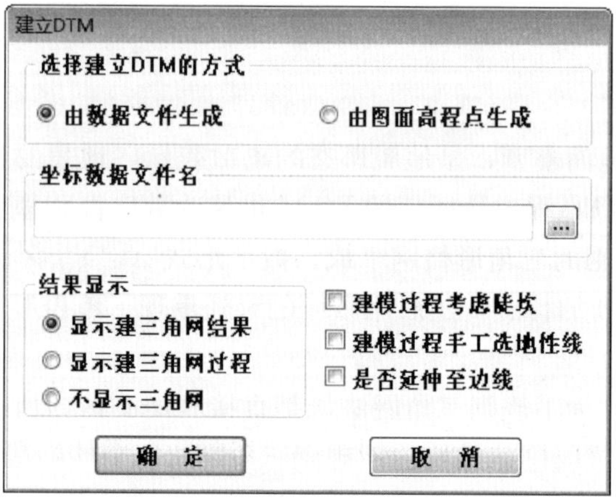

图 8-2　构建三角网

8.3.2　三角网法土方计算

CASS 的三角网法土方计算，主要应用于设计面是平面和任意面的土方工程。通过构建三角网来计算工程土方量，这种算法内插高程点较少且计算结果准确。

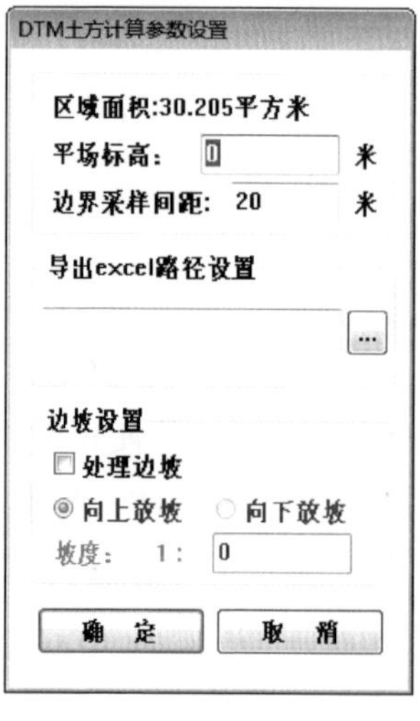

图 8-3　单一设计面土方计算

从软件菜单划分就可以很简单地把单一设计面和任意设计面区分出来，具体如下：

（1）单一设计面，就是指前三种，即根据坐标文件、图上高程点、图上三角网。菜单如图 8-3 所示，平场标高指的就是设计面的高程，边界采样间距根据地形复杂程度以及计算精度要求进行合理设置。

（2）任意设计面，就是根据两期的三角网数据，计算两期间的土方量。其实可以简单理解为两个三角网叠加计算。一般其中一个三角网是用原始地貌数据生成的三角网，另外一个三角网，通常用开挖完成面的地形数据生成，也可以是由设计数据生成，所以，由设计文件生成的三角网，可以是任意形状的，也叫任意设计面了。

8.3.3　方格网法土方计算

其原理与 8.2.2 节介绍的传统的方格网法基本一致，在软件中建立格网，获取格网点高程，每个方格的四角高程平均值即为该方格的平均高程。其优势是格网密度可以随意调整，格网越小，精度越高，但相应计算量会剧增。

与三角网法相比：（1）具有相当大的不可控性，地形复杂程度、高程点质量、计算顺序与格网大小都对结果有很大的影响；（2）无法像 DTM 法一样真实模拟斜面，而只能像无限矩阵一样无限接近于斜面，但格网间距过小，会使计算量非常大。

CASS 10.1 的方格网法土方计算如图 8-4 所示，其主要应用于有了一期实测数据（或者是实测数据生成的三角网），然后归算到一个设计面。设计面可以是平面、斜面，也可以是任意形状的设计面（设计面可以是实测数据生成的三角网或者根据设计生成的三角网）。

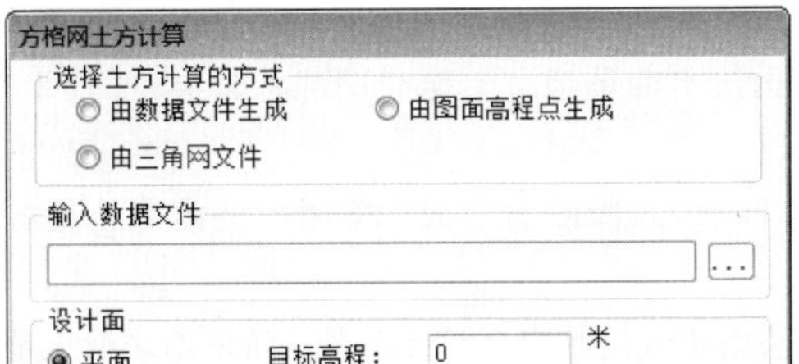

图 8-4　方格网法土方计算

参考文献

[1] 中华人民共和国住房和城乡建设部. 城市测量规范：CJJ/T 8—2011[S]. 北京：中国建筑工业出版社，2012.

[2] 全国地理信息标准化技术委员会. 国家基本比例尺地图图式：第1部分：1∶500 1∶1000 1∶2000 地形图图式：GB/T 20257. 1—2017[S]. 北京：中国标准出版社，2017.

[3] 全国地理信息标准化技术委员会. 1∶500 1∶1000 1∶2000 外业数字测图规程：GB/T 14912—2017[S]. 北京：中国标准出版社，2017.

[4] 住房城乡建设部标准定额研究所. 卫星定位城市测量技术标准：CJJ/T 73—2019[S]. 北京：中国建筑工业出版社，2019.

[5] 全国国土资源标准化技术委员会. 土地勘测定界规程：TD/T 1008—2007. 北京：中国标准出版社，2007.

[6] 全国国土资源标准化技术委员会. 土地利用现状分类：GB/T 21010—2017. 北京：中国标准出版社，2017.

[7] 济南市人民政府. 济南市人民政府令第238号：济南市土地征收管理办法[Z]. 2010-07-28.

[8] 济南市人民政府. 济南市人民政府令第248号：济南市国有土地上房屋征收与补偿办法[Z]. 2013-07-20.

[9] 济南市人民政府. 济南市人民政府令第249号：济南市国有土地收购储备办法[Z]. 2013-07-20.

[10] 中华人民共和国国土资源部. 中华人民共和国国土资源部令第39号：招标拍卖挂牌出让国有建设用地使用权规定[Z]. 2007-11-01.

[11] 住房城乡建设部标准定额研究所. 工程测量规范：GB 50026—2007[S]. 北京：中国计划出版社，2008.

[12] 住房城乡建设部标准定额研究所. 建筑工程建筑面积计算规范：GB/T 50353—2013[S]. 北京：中国计划出版社，2014.

[13] 中华人民共和国交通部. 公路勘测规范：JTG C10—2007[S]. 北京：人民交通出版社，2007.

[14] 中华人民共和国住房和城乡建设部. 城市地下管线探测技术规程：CJJ 61—2017[S]. 北京：中国建筑工业出版社，2017.

[15] 国家测绘地理信息局. 管线测绘技术规程：CH/T 6002—2015[S]. 北京：测绘出版社，2015.

[16] 中华人民共和国建设部. 人民防空地下室设计规范：GB 50038—2005[S]. 北京：中国计划出版社，2005.

[17] 中华人民共和国建设部. 人民防空工程施工及验收规范：GB 50134—2004[S]. 北京：中国计划出版社，2004.

[18] 中华人民共和国住房和城乡建设部. 城市居住区人民防空工程规划规范：GB 50808—2013[S]. 北京：中国建筑工业出版社，2013.